# 心量

## 可以生气，但不要越想越气

智文 编著

中国纺织出版社有限公司

## 内 容 提 要

生命有限，快乐是每个人共同的渴望，而一个人快乐与否，不在于拥有多少金钱或者名利，也不在于是否拥有出众的外表，而是取决于自己的心态。善待自己，凡事要看得开，不跟自己较劲，正是一种积极的信念，它能引导我们做自己喜欢的事，走自己想走的路，指引我们放下过多的纠结，收获洒脱和快乐。

本书以平实质朴的语言，运用理论与故事相结合的形式，探讨了如何在忙碌的生活状态下静心审视和沉淀自己，以此重新发现生活的美好。希望广大读者在读完本书后，能有所收获，拥有美好的心境，能够享受轻松又自在的洒脱生活。

**图书在版编目（CIP）数据**

心量：可以生气，但不要越想越气 / 智文编著. -- 北京：中国纺织出版社有限公司，2024.7
ISBN 978-7-5229-1581-4

Ⅰ.①心… Ⅱ.①智… Ⅲ.①心理调节—通俗读物 Ⅳ.①B842.6-49

中国国家版本馆CIP数据核字（2024）第067491号

---

责任编辑：邢雅鑫　　责任校对：高　涵　　责任印制：储志伟

中国纺织出版社有限公司出版发行
地址：北京市朝阳区百子湾东里A407号楼　邮政编码：100124
销售电话：010—67004422　传真：010—87155801
http://www.c-textilep.com
中国纺织出版社天猫旗舰店
官方微博 http://weibo.com/2119887771
天津千鹤文化传播有限公司印刷　各地新华书店经销
2024年7月第1版第1次印刷
开本：880×1230　1/32　印张：7
字数：113千字　定价：49.80元

凡购本书，如有缺页、倒页、脱页，由本社图书营销中心调换

# 前言

生活中的你，不知是否曾有过这样一些经历：眼看上班就要迟到了，但是你依然被堵在路上，此时当你再审视这纹丝不动的车流，你的内心是否会升腾起焦躁不安的情绪？本来正在被领导训斥的你，突然接到了孩子老师的电话，老师说孩子又打架了，这时你是不是会暴跳如雷？好不容易忙了一天准备下班，领导却让你留下来加班，你是否会产生辞职不干，想要一走了之的冲动……这样的场景在我们的生活中太常见了，诸多不安的因素让我们不停地抱怨、生气，我们不禁感叹起人生的无奈、生活的艰辛、工作的忙碌等一些对现实的不满与无奈，然而，生活在如今这个错综复杂、充满矛盾的社会，谁又不曾遇到过如此这般令人郁闷的事情呢？

人们常说：人生苦短。虽然我们一直都在追求快乐，但是，真正幸福快乐一生的人实在太少了。这是因为大部分的人忘记了快乐的真正秘诀——学会善待自己。而这也正是我们努力生活、努力学习的必修课。

其实，当我们深呼吸一口气、静下心来想一想，生活中的很多不快乐，都是源于一些鸡毛蒜皮的小事，一旦我们的期望与现实有差距时,就会造成身心的疲惫。所谓"智者无为,愚人自缚"。人们常喜欢给自己的心灵套上枷锁,这时"看得开"就是一种洒脱的心态,一种清醒的智慧。唯有看得开,我们才会有顿悟之后的豁然开朗;重负顿释的轻松愉悦;云开雾散之后的阳光灿烂。

庆幸的是,现代社会,忙碌于钢筋混凝土建筑中的人们,也逐渐意识到了将心灵重新归位的重要性。只要我们不跟自己过不去,我们就能远离浮躁、抑制欲望、豁达为人、抵制诱惑、少些抱怨、笑对逆境,让我们的心在烦琐的生活之外找到一个依托,从而更好地工作,更好地生活,更好地提高自己,修炼自己。

然而,要做到这点并不容易。生活太琐碎,工作太忙碌,人际交往太复杂,太多的外界因素,使我们的心变得焦躁不安,人们也在努力尝试各种方法。但是,我们需要的并不是那些技巧,需要的只是从内心深处开始审视自我,涵养心灵,这就是获得快乐和幸福的全部秘密。要想做到这一点,你还需要一个心灵导师,引导你抛开世俗的烦恼,帮你发现并接受最本真的自我。而本书就是这样的一位导师,跟着它的脚步走,你会逐步找到自己在尘世中的坐标,让自己的心灵有个好的归宿。

《心量·可以生气,但不要越想越气》涵盖了人生哲理、情感、处世等诸多方面的内容，阐明了"看得开"对于人生的意义所在，旨在告诉我们，快乐需要有平静淡然的心境。的确，唯有凡事看得开，遵循自然的规律，才能以一颗淡然的心来面对，从而以积极的心态，度过完美人生！

编著者

2023年12月

# 目录

## 第1章
### 随机应变，根据形势积极寻找应对策略

取大舍小，取舍间不跟自己过不去　- 002
暂时的妥协，是为了更长远的发展　- 005
看清形势，适时调整自我　- 008
理智抉择，摒弃虚幻的想法　- 012
备好应变策略，面对困境更从容　- 016
开拓思路，别纠结于眼前　- 019

## 第2章
### 直面自己，在独处中释放内心

修身养性，心境开阔者不惧孤独　- 024
学习独处，在独处中释放内心　- 027
静下心来，才能进行真正有益的思考　- 030
难得独处，珍惜一个人的美好时光　- 032
与自己相处，倾听内心的声音　- 035
打破寂寞，充实自己的内心　- 039

## 第3章

### 圆润通达，少点较真，实现无为而治

与其针锋相对，不如通融做事　　- 044
找到方法，就能四两拨千斤　　- 047
巧妙示弱，实现共赢才是明智之举　　- 050
难得糊涂，太过精明其实是与自己过不去　　- 054
宽容，永远是误会的最佳解药　　- 058
拒绝有方法，避免伤及他人面子　　- 062

## 第4章

### 淡定从容，遇事沉着冷静才能成大事

有勇有谋，方能从容做事　　- 068
能干大事的人，往往都能沉住气　　- 071
放平心态，大气的人不为难自己　　- 075
适时后退，避免正面交锋　　- 077
凡事顺其自然，不必急于求成　　- 081

## 第5章

### 怡然洒脱，知退能忍是明智之举

忍耐不是懦弱，而是智者的选择　　- 086

以达观的心态，包容现实的残酷　　- 089
暂时的后退，是为了以后的前进　　- 093
争强好胜，不过是与自己过不去　　- 096
选择忍让，让你赢得人心　　- 100

## 第 6 章

### 心态放平，让一切顺其自然

不以物喜，不以己悲　　- 104
坦荡为人，心底无私天地宽　　- 107
失败又如何，大不了从头再来　　- 110
低调做人，放平自己的心态　　- 113
热爱生活，将热情传达给他人　　- 116

## 第 7 章

### 运筹帷幄，进退之间让一切尽在掌控之中

高效工作，不可眉毛胡子一把抓　　- 122
善于计划，掌控一切　　- 126
唯有有条不紊，才能从容不迫　　- 129
深思熟虑，走好人生的每一步　　- 132
大事运筹帷幄，小事自如应对　　- 135
要想做事从容，就要时刻注意分寸感　　- 140

## 第8章

## 摒弃浮躁,坚持信念的人从不与自己过不去

心思细腻,但不要拘泥细节　- 146
以坚韧之心面对困难,总会熬过去　- 150
踏实做事,一步一个脚印　- 153
心定心安,拒绝浮躁　- 156
困难面前,信念具有无坚不摧的力量　- 157
屏除杂念,生活需要一颗平常心　- 160
专心致志,总能达成所愿　- 163

## 第9章

## 内心强大,笑纳生活才能豁达宽广

心态积极,你就拥有了一切　- 168
得失淡然,心胸广阔者不与自己过不去　- 171
自私狭隘,人生路也越走越窄　- 175
消逝而去的,就让它逝去吧　- 179
吃亏是福,做人不必太计较　- 181
福祸自便,能看开就能坦然面对　- 184

## 第10章
### 韬光养晦，实力不佳时要学会保护自己

谦逊为人，乐于接受批评建议　- 190
尊重他人，才能换来尊重　- 193
不卑不亢，更易赢得他人的信任　- 196
言多必失，避免轻易暴露自己　- 200
给他人机会，其实也是给自己机会　- 203
虚心求教，是充实内在的捷径之一　- 206

**参考文献**　- 211

# 第 1 章

## 随机应变，根据形势积极寻找应对策略

在生活中，我们不仅要面对不断变化着的自己，还要面对瞬息万变的客观世界。因此，要想拥有从容淡定的人生，除了要从本身出发，做好充分的准备之外，还要审时度势，准备各种不同的方案，应对各种突如其来的状况，这样才能进退自如。

## 取大舍小，取舍间不跟自己过不去

人生如白驹过隙，忽然而已，是非常短暂的。在这短暂的人生中，人们不仅会享受幸福，也会经历一些痛苦。美好的东西数不胜数，坎坷和挫折也不可避免。在现代社会里，人们对物质生活的要求越来越高。我们总是希望得到更多的金钱和财富，让自己和家人过得更加舒适幸福。其实，生命是短暂的，人生是有限的，人们能够享受的东西也是有限的。要想拥有从容快乐的生活，就要控制住自己的欲望，适当地放弃一些东西，这样才能够收获更多的幸福。

人生就像一条奔流而去的河流，无休无止，或缓或急，没有回头的余地。正是因为世界上没有后悔药，所以人们总是试图去抓住更多的东西。人生中充满了大大小小的选择，如果选择正确，人生就会更加幸福快乐；如果选择错误，人生就可能误入歧途。那么，选择的标准是什么呢？是得到的越多就越好吗？其实不然。面对选择，并非得到的越多越好。有的时候，失去也是一种收获，甚至还能收获得更多。

# 第1章
### 随机应变，根据形势积极寻找应对策略

孟子说："鱼，我所欲也；熊掌，亦我所欲也。二者不可得兼，舍鱼而取熊掌者也。"这句话的意思是说：鱼，是我所想要的；熊掌，也是我所想要的。假如这两种东西不能够同时得到的话，那么我就只好舍弃鱼而选择熊掌了。人们的欲望是永无止境的，但是，容易满足的人，往往能够知足常乐。反之，越是不容易满足的人，胃口就会变得越来越大，最终为了满足自己无休无止的欲望而不择手段。战国诗人屈原在《天问》中记载："灵蛇吞象，厥大何如？"由此衍生了"人心不足蛇吞象"的说法。在面对取舍的时候，更多的人选择了取，而避开了舍。

实际上，如果人们能够真正地放下过多的欲望，不追求那些不切实际的虚幻之物，让自己更为知足，就能够更加轻松快乐地生活。真正聪明的人知道，人生是一个不断舍弃的过程，有舍才有得。懂得取舍，才能做出正确的选择。大多数时候，我们不可能拥有所有的幸福，必须要权衡利弊，抓大放小，只有这样，才能得到更多。要知道，过多的欲望会压得我们喘不过气来，使我们无暇享受生活的惬意与幸福。行走在人生的道路上，每个人的肩上都背着一个行囊。行囊里的东西越多，你的脚步就会变得越沉重。只有适时地舍弃一些无足轻重的东西，才能够轻装上阵，从容地行走在人生的道路上。

李杜是一家国有单位的厨师，水平一流，在单位里深受领

## 心量
### 可以生气，但不要越想越气

导的重用。一个偶然的机会，李杜被单位派去北京的一家五星级饭店学习厨艺。经过一年的学习，再加上李杜的勤学苦练，他的厨艺突飞猛进，他本人也得到了这家五星级饭店董事长的认可。转眼之间，学习期结束了，董事长邀请李杜留在北京，担任总厨。不过，李杜很犹豫，因为虽然总厨的工资很高，福利待遇也不错，但是国有单位的工作显然更加稳定。而且，李杜的妻子和孩子都在老家生活，如果回到原单位，可以一家人团聚在一起。如果留在北京的话，妻子和孩子只能留在老家。即使来了北京，妻子也面临着失去工作的窘境，孩子上学的户口问题也无法得到解决。经过慎重的考虑，最终李杜还是决定回到老家，和妻儿一起生活，过安稳幸福的日子。

几年过去了，孩子长大了，得知李杜曾经有机会留在北京的时候，儿子不由得问："爸爸，你当初为什么不选择留在北京呢？那样的话，我们现在可就是北京人了！"李杜笑了笑，对儿子说："北京虽然很好，但不是咱们的家。如果留在北京，也许咱们一家人现在还在漂泊着呢，哪来这么安稳的生活呀！不管在哪里生活，只要一家人生活在一起，平安健康，就是最大的幸福！"听了爸爸的话，儿子也若有所思地点了点头。

在生活中，我们经常会面临着取舍。例如，是在国有单位当一天和尚撞一天钟，还是自己创业当老板？是只要一个孩子，

# 第1章
### 随机应变，根据形势积极寻找应对策略

还是要两个孩子互相做个伴？是让自己孩子学习钢琴，还是让孩子去学习声乐？是借钱来买套大房子住，还是一家人住在原有的小房子里平淡生活？面对众多的选择，人们的内心往往摇摆不定，犹豫不决。其实，每个人都有选择生活的权利。有的人喜欢安稳的生活，有的人则喜欢有挑战性的生活，想要趁着年轻奋力再搏一搏。不管做出什么选择，都要记住一点：既然是选择，就一定有取舍。一个人不可能处处顺心，事事如意，有得必有失，有舍必有得。即使是得到，也有大的利益和小的利益、长远的利益与眼前的利益之分。在做出选择的时候，我们都要学会先舍后得，取大舍小，这样才能做到无怨无悔。

美国著名的心理学家、哲学家威廉·詹姆斯说："取舍的艺术是一种明智的艺术。"要想更从容地生活，就必须掌握这门艺术。

## 暂时的妥协，是为了更长远的发展

种植过向日葵的人都知道，不管光照在哪个方向，向日葵的花盘总是朝着阳光的方向。观察过溪流的人也都知道，不管河床多么蜿蜒曲折，河流总是随着河床的轨道流淌。在生活中，

## 心量
### 可以生气，但不要越想越气

每一个人都要学会妥协，随着外界的发展变化来调整自己的策略。无论人生的道路是多么的平坦，人们总会遇到一些难以预见的情况。倘若是惊喜还好，若是灾难，就要学会柔韧地面对。所谓柔韧地面对，其实就是一种妥协。很多时候，坚硬的东西很容易断裂，相反，那些柔韧的东西反而具有更强的承受能力。科学家经过调查发现，看似柔弱的女性，其实承受能力更强。究其原因，正是女性柔弱的性格决定了女性较为柔软。面对生活的艰难困苦，她们能够默默地承受这一切。相比之下，男性则不同。虽然很多男性看上去都非常的坚强勇敢，但当面对灾祸的时候，他们却像陶瓷一样一碰就碎。从本质上来讲，他们所谓的坚强比不上女人的柔韧能承受得了压力。

在人际交往的过程中，细心的人不难发现女人更容易与困境和解。男性有的时候处处讲究原则，受不得一点儿委屈。但是女性则不同，她们就像头发，虽然发丝很细，但是却有韧劲。尤其是在职场，因为女性处理问题的时候非常灵活，且能够因时因地制宜，随机应变，所以她们在工作中往往能够如鱼得水。正是因为善于妥协，女人们能够获得更长远的发展。

朱莉是一家公司的销售员，何明也在销售部，平日里和朱莉的关系比较好，业绩也不相上下。何明比朱莉早两年来公司，已经算是老员工了。最近，因为销售部的主管怀孕辞职了，销

## 第1章
### 随机应变，根据形势积极寻找应对策略

售部主管的位置就空了下来。销售部现有二十几个人，每个人都对这个职位虎视眈眈。不过，最有希望的还是朱莉和何明。相比之下，何明来公司的时间比较长，所以接替主管职位的可能性更大。

周一上班的时候，总经理在例会上当场宣布了新任销售部经理的人选。出乎所有人的意料，公司居然外聘了一位曾经在其他公司工作过的销售主管来接任销售经理的职位。听到这个消息之后，何明的脸上马上现出了尴尬的神色，甚至还有些恼火。朱莉虽然也有些不高兴，但是尽力压抑着自己的情绪，避免太过于明显，惹得领导和同事的反感。

新任销售主管上任的第二天，何明就递交了辞职报告，尽管新任主管竭力挽留，但是何明的去意非常坚决。与何明的态度截然相反，朱莉比往日表现得更加积极，尽力配合新任主管的工作。后来，公司有了新的发展规划，要在海南成立一个销售分公司，因此想调一个销售经验比较丰富的销售员过去当分公司的经理。这一次，公司高层一致决定调朱莉过去当销售分公司的经理。后来大家才知道，早在聘用新任销售主管的时候，公司就已经决定要调何明去海南担任分公司的经理了。但是，因为何明没有沉住气，早早地就辞了职，所以这个机会自然而然就落在了朱莉的身上。如今的朱莉，在海南的市场上大显身手，带领公司的员工们奋力打拼，为公司开拓了海南的市场。

007

> 心量
> 可以生气，但不要越想越气

而何明辞职以后，不得不进了一家新公司从头做起。

在上述事例中，倘若何明能够沉得住气，在公司里再坚持一段时间，观察一下公司管理层的长远规划，那么，海南销售分公司经理一职就非他莫属了。在生活中，我们会面对很多需要妥协的情况，正是因为生活中的妥协，世界和社会才变得更加和谐。倘若人在工作中不懂得向领导妥协，就会失去很多充实自己的机会；倘若夫妻之间不懂得妥协，就会吵得鸡犬不宁；倘若朋友之间不懂得妥协，就会触发矛盾，形同陌路。总而言之，要想使自己的生活更加美好，让自己获得更加长远的发展，就要学会妥协。要知道，在这个世界上，没有绝对的公平存在，只有相对公平。这就要求我们要学会审时度势，以获得长远利益为目的，学会适时适当地妥协。

## 看清形势，适时调整自我

《三国志·蜀志·诸葛亮传》裴松之注引《襄阳记》："儒生俗士，识时务者，在乎俊杰。此间自有卧龙、凤雏。"这句话的意思是说，能认清时代潮流的人是聪明人。

作为社会中的一员，每个人都处于各种纷繁复杂的关系之

# 第1章
随机应变，根据形势积极寻找应对策略

中。很多时候，一件事情看上去很简单，但其实与其他的人或者事之间有着千丝万缕的联系。倘若处理不好关系，轻则得罪别人，重则惹祸上身。这就要求我们一定要看清形势，顺势而为，不要固执已见。虽然，我们常常把"见风使舵"用作贬义词，但是，我们在生活中一定要学会采纳别人的意见，广征博览，海纳百川。当然，这并非要求人们毫无主见，人云亦云，毫无原则地做人做事，而是让人们灵活处事，从谏如流。置身于复杂的社会中，我们必须清楚地认识外界的环境以及自身的能力。只有将一切了然于胸，才能做出正确的判断。一个固执己见的人，很容易招致别人的反感，甚至使别人不愿为他提供建议。这样一来，他就会变得越来越闭塞。倘若这样一意孤行下去，必将导致他离自己所追求的目标越来越远。

在炎热的夏天里，蝉总是不停地叫着："热啊，热啊。"一天，一头驴驮着沉重的货物行走在树林里，听到蝉的叫声，驴觉得很好听，对蝉说："我真是太羡慕你了，每天都躲在树叶下面唱歌，哪像我这么命苦啊！即使是在这么炎热的天气里，我也要驮着沉重的货物不停地行走。"蝉说："你可不要羡慕我，除了唱歌外，我什么也不会，只能依靠喝露水为生。哪像你呢，虽然劳累一些，但是人类却给你准备了香喷喷的食物。"听了蝉的话，驴还是坚持认为蝉的生活更加舒适惬意，而自己的生

心量
可以生气，但不要越想越气

活却苦不堪言。因此，驴苦苦地哀求蝉："蝉，你能不能教我唱歌呢？我想，如果我的歌声像你的歌声一样美妙，主人也许就不会让我驮这么沉重的货物了。"看到驴真挚诚恳的样子，蝉答应教它。不过，蝉向驴提出了一个要求："你首先要学我，每天只以露水充饥。如果你还像以前那样吃那么多杂乱的食物，你的嗓音就不可能像我这么清脆。"驴按照蝉所说的做了，结果，一天过去了，驴的肚子饿得瘪瘪的。两天过去了，驴饿得浑身无力，甚至连路都走不动了。三天过去了，驴饿得只剩下一口气，倒在地上再也站不起来了。

　　这个寓言中的驴，因为没有分析清楚客观情况，盲目地羡慕蝉，最终导致自己饿倒在地。从另外的角度来说，即使它没有被饿倒，天天都像蝉那样喝露水，也无法唱出清脆的歌声。因为没有认清楚客观情况，驴所做的事情完全是徒劳的。

　　亚瑟是一名推销员，专门为一家设计花样的画室推销草图，他的服务对象主要是纺织品制造商和服装设计师。为了把草图推销出去，他曾经连续三个月，每个礼拜都去拜访纽约一位大名鼎鼎的服装设计师。不过，让亚瑟疑惑不解的是，虽然那名服装设计师每次都热情地接待亚瑟，但是却从来不买亚瑟推销的那些图纸。每次，他都彬彬有礼地和亚瑟交谈，认真地审阅

# 第1章
### 随机应变，根据形势积极寻找应对策略

亚瑟带去的草图。遗憾的是，每到紧要关头的时候，设计师总是用一句"亚瑟，我看我们是做不成这笔生意的。"就把亚瑟打发了。在经历了多次的失败之后，亚瑟找到了症结所在。原来，他每次去都用同一种推销方法，毫无新意，想必设计师早就听烦了。因此，亚瑟决定每个星期都要抽出几小时去看有关销售的书籍，学习为人处世的方法，以便更好地与人相处。

知识的力量是无穷的，没过多久，亚瑟就想出了征服那位服装设计师的方法。他从各种渠道了解到，那位服装设计师骄傲自负，很少能够看得上别人设计的作品。因此，亚瑟一改往日的习惯，他带了几张还没有完成的设计草图来到设计师的办公室。"约翰先生，如果您愿意，能不能帮我一个小忙？"他对服装设计师说："我这里有几张还没有完成的草图，创作遭遇了瓶颈，很久都没有完成，您可以指点我一下吗？"设计师认真地看了看图纸，发现设计颇有新意，就说："亚瑟，你可以把这些图纸留在这里，我会看的。"几天之后，服装设计师给亚瑟提出了一些中肯的建议，亚瑟按照设计师的意思很快就完成了草图。结果出人意料，这次的草图获得了服装设计师的赞赏，甚至没用亚瑟推销，他就主动购买了全部的草图。

从此以后，亚瑟就经常询问买主的意见，然后再根据买主的意见来完成图纸。由于买主参与了设计的过程，因此对草图再也不像之前那样吹毛求疵了，而是像对待自己的作品一样，

011

> 心量
> 可以生气，但不要越想越气

常常对草图赞不绝口。

亚瑟通过不断的摸索，找到了一个推销草图的捷径。当然，这个捷径并非凭空得来的，而是亚瑟凭借自己的聪明才智领悟到的。显然，买主给了亚瑟修改和完善草图的意见，这样一来，草图就相当于是买主自己参与设计的。试想，谁会对自己设计的作品过分吹毛求疵呢？而亚瑟之所以能够取得成功，也正是因为他善于反思，从谏如流，他不仅主动地询问买主的意见，而且积极地根据买主的意见修改草图。

纵观古今中外，很多成功人士早期的人生规划都有一定的盲目性，然而，他们最后都远离了自己最初的梦想，在最适合自己的领域内做出了一番成就。究其原因，是因为他们及时调整自己奋斗的方向，寻找到了新的更适合自己的发展方向，所以才能取得成就。诚然，这正是他们获得成功的原因。总而言之，识时务者为俊杰，误入歧途后千万不要执迷不悟，而是要重新审视自己，为自己找到一个正确的方向。

## 理智抉择，摒弃虚幻的想法

当今社会，每天都处在日新月异的发展变化之中，人们的

# 第1章
## 随机应变，根据形势积极寻找应对策略

心理也发生着急剧的变化。在越来越多的物质诱惑面前，很多人好高骛远，不能静下心来脚踏实地地生活。他们整日梦想着自己有一天能够出人头地，甚至盲目地去做一些不符合实际情况的事情，幻想着要一步登天。结果，好高骛远、不切实际的人都从天上重重地摔倒在了地上，一事无成。不管干什么事情，要想取得成功，都必须保持理性，一步一个脚印地实现自己的目标。从那些成功人士的人生历程中不难发现，所有的成功人士都是一步一个脚印干出来的，仅凭借小聪明与不切实际的空想，是很难获得成功的。

在象牙塔的大学生，每天都过着无忧无虑的生活，很少考虑到残酷的社会。而面临毕业时，他们的心理就会受到剧烈的冲击。原本他们对就业充满信心，觉得自己肯定能够轻轻松松地找到一个金饭碗。然而，现实情况却让人大跌眼镜。事实上，为了避免这种情况的发生，从大学时代开始，就应该保持理性，正确地认识自身，认识社会，抛弃不切实际的想法，以便更好地融入社会。

李霞和乔丽是一所大学计算机系的大四学生，即将面临毕业。从大四上学期开始，同学们就开始陆陆续续地出去找工作了。但李霞心高气傲，觉得自己上了四年大学，应该能找一份很好的工作。因此，李霞对一般的小公司根本看不上眼，只

向那些大公司投递简历。乔丽的想法却和李霞不一样,她知道如今的大学毕业生很多,找工作不太容易。因此,她除了向大公司投简历外,也选择向一些中小型比较有发展潜力的公司投简历。

大四下学期的时候,学校组织了一次招聘会,很多企业都来参加。在招聘会上,通过现场面试,一家软件开发公司现场表示愿意聘用李霞和乔丽为实习生。得知这个消息,乔丽非常高兴,表示愿意去这家公司工作。但是,李霞却有些犹豫。因为她还是觉得这家公司有点儿小,比不上那些规模比较大的企业。尘埃落定之后,乔丽开始专心致志地准备毕业论文和答辩,因为准备得比较充分,乔丽还在省级刊物上发表了论文。而李霞却仍然奔波在四处求职面试的道路上。几个月的时间一转眼就过去了,乔丽拿到毕业证书之后就高高兴兴地去那家软件公司上班了,然而,李霞的工作还是没有着落。

毕业一年之后,同学们进行了一次聚会。在聚会上,乔丽惊讶地得知,李霞至今还没有找到合适的工作。而乔丽所在的公司虽然小,发展潜力却很大。也正是因为公司比较小,所以晋升的空间很大。如今,乔丽不仅发表了好几篇学术论文,而且也已经成了研究小组的组长,在公司里带领十几个人搞研发。

看到同学们都在兴高采烈地讨论自己在单位中的成就和工

## 第1章
随机应变，根据形势积极寻找应对策略

作心得，此时的李霞懊悔不已。

显然，李霞犯了一个严重的错误，即好高骛远，没有正确的自我认知。正是因为她对自己的预期不切实际，才导致她毕业整整一年都没有找到合适的工作。其实，对于现在的大学生而言，在找工作的时候未必非得一步到位，因为刚刚毕业毕竟没有丰富的工作经验，因此可以先找一家相对有发展潜力的公司，和公司一起成长。进入那些中小规模的相对有发展潜力的公司，大学生们往往能够有更大的发展空间。常言道，大公司做人，小公司做事。在小公司里，大学生们有更多的机会锻炼自己的能力，快速成长。

如今，也有越来越多的大学生变得更加现实，脚踏实地。有些大学生甚至愿意从事家政服务行业，成为既有知识又有素质的新型保姆。也有些大学生不怕困难和辛苦，或者自己开一家小店创业，或者自己开一家网店。现在，他们已然不再把目光局限于大公司、外企，而是脚踏实地地开拓自己的人生。随着思想变得越来越成熟，他们的人生道路也必将越走越宽，生活也会变得越来越从容和幸福。

心量
可以生气，但不要越想越气

## 备好应变策略，面对困境更从容

生活充满未知，有些人是受欢迎的，有些人是避之不及的。然而，不管你是否愿意接受，生活的馈赠或者是考验都会如约而至，我们必须做到坦然面对。现代社会，生活节奏越来越快，整个社会都处于日新月异的变化之中。面对这些纷繁复杂的变化，有准备的人从容不迫、气定神闲，没准备的人焦头烂额，一团乱麻。但是，有些事情是躲也躲不过去的。与其硬着头皮上，不如事先做好准备，打有准备之仗。那么，怎样做准备呢？所谓准备，其实很简单。既然我们不能预知生活中将遇到怎样的困难，就无从得知自己会采取怎样的措施、需要怎样的帮助。那么，不如准备一些应对不同情况的方案。在发生紧急情况的时候，就可以根据具体情况做出灵活变动。

艾米是师范院校的一名学生，如今已经大四了，即将面临毕业。并且，艾米是国家定向委培的大学生，毕业后是要回到原籍，当一名教师的。不过，经历了四年的大学生活，艾米并不想回到老家那个小小的县城。她想去大城市，像鱼儿想游进大海一样。但是，爸爸妈妈并不是很支持艾米的这个决定。他们觉得老家的生活更加稳定，衣食无忧。而大城市就像是波涛汹涌的大海，处处充满了未知。就这个问题，艾米和父母讨论

# 第 1 章
**随机应变，根据形势积极寻找应对策略**

了好几次，谁都无法说服谁。最终，他们想出了一个万全之策。这个计划是这样的：从现在开始，艾米开始着手准备考研，假如艾米能够考上研究生，就有了更多留在大城市的筹码。如果艾米没有考上研究生的话，那么，就要按照父母的意愿，服从国家分配，回到老家当一名老师。倘若艾米还想去大城市，可以一边工作一边考研，等有了足够的资本之后，再去大城市拼搏。对于这个万全之策，大家都觉得非常稳妥，得到了全家人的一致认可。

但因为准备的时间过于仓促，艾米以10分之差与研究生的录取通知书失之交臂。不过，艾米并没有气馁，回到老家之后，她在认真做好教师工作的同时，又专心复习，准备再次参加研究生考试。遗憾的是，艾米再次落榜了。但是，艾米依然没有气馁。她还有两年的时间，她坚信，只要认真复习，就一定能够考上研究生。幸运的是，在艾米参加工作一年多以后，她所在的学校有一个对外交流的机会，要委派一名青年教师去美国工作和学习一年。因为艾米出色的工作表现，再加上英语水平很高，所以学校领导一致同意把这个宝贵的机会留给艾米。艾米心里很清楚，这个机会十分难得，是很多人求之不得的。为了慎重起见，艾米和父母商量了这件事情，父母向来希望艾米的生活能够安稳，鼓励艾米不要放弃这个宝贵的提升机会。经过再三思索，艾米最终决定不再考研，而是出国学习一年。

017

## 心量
可以生气，但不要越想越气

事实证明，艾米的选择是对的。艾米留学归来以后，在短短的一年内就被提拔为学科带头人。又过了两年，她成为学校最年轻的副校长，主管对外交流和英语教学。如今的艾米，已经比很多考了研究生的大学同学拥有了更大的舞台展示自己。

对于大四的学生而言，很多人都不知道自己未来的道路在何方。他们有的盲目地考研，有的匆匆忙忙地找工作，有的浑浑噩噩地当一天和尚撞一天钟。因此，很多学生毕业以后在很长的一段时间内都找不到工作。还有的学生毕业之后不工作，专门准备考研，一年不行两年，两年不行三年。考研难道真的是一个一劳永逸的成功捷径吗？其实不然。随着社会的飞速发展，越来越多的研究生从学校步入社会。倘若学艺不精，即便是研究生，也未必能够找到好工作。

社会上的很多工作并非都必须要求研究生学历，但很多工作，本科生学历就已经足够用了。因此，作为大学生不要盲目地考研。艾米之所以能够在平凡的岗位上获得成功，是因为她能够认真地听取父母的意见，合理地规划自己的人生。也正是因为她和父母一起制订的人生方案，才使她在面对各种情况的时候能够进退自如，从容不迫。

## 第1章
### 随机应变，根据形势积极寻找应对策略

## 开拓思路，别纠结于眼前

在生活中，有些人不管是做人还是做事，都非常灵活，能够根据现实的情况变通。但是，有些人却非常固执，一条道走到黑，不碰得头破血流绝不回头。人们常说"条条大路通罗马"，实际上就是在告诉人们要学会变通。

很多人都给自己制订了目标，但目标与目标之间也有着很大的不同。有人的目标是短期之内就能够实现的，而有人的目标是必须经过长期坚持不懈的努力才能实现的。但是，不管是什么样的目标，都未必是一定能够实现的。这就要求我们要学会根据实际情况进行变通。因为身处的世界和周围的环境都处于不断变化之中，所以目标就无法做到丝毫不变。要想改变，就要扩展自己的思路。不要在一棵树上吊死，更不要在一个路口堵死。

李明宇是一名大四学生，从大三开始，他就在苦学英语，想在大学毕业之后考研。不过，李明宇似乎没有学习英语的天分。每当学校进行英语考试的时候，他都是蒙混过关。大四的时候，他参加了研究生考试，但因为英语不及格，他没有被录取。为此，李明宇非常消沉。他怎么也不服气，自己其他几门功课的成绩都不错，怎么能因为英语就与研究生学历失之交臂呢！

## 心量
### 可以生气，但不要越想越气

大学毕业后，李明宇没有参加工作，而是继续全心全意地复习，想在次年考研。这次，他主攻英语，每天早晨和傍晚都捧着英语书在狭小的出租房中苦读。上天似乎是在捉弄他，他的英语成绩再次以一分之差落榜。这次落榜给了李明宇很大的打击。与此同时，他的父母也向他发出了"最后通牒"，希望他能边工作边考研。因为李明宇的父母都是农民，他们想尽办法才供李明宇读完了大学。如今，李明宇为了考研不参加工作，无疑是给父母增加了沉重的负担。就在此时，李明宇的同学给他介绍了一份很好的工作，而且他的面试也通过了。出人意料的是，李明宇经过再三考虑，放弃了这份工作。听到这个消息之后，李明宇的父亲气得生了病。

因为李明宇的心中还是有一个解不开的疙瘩，他觉得自己既然已经专心致志地考研两次了，第三次一定能够通过。倘若一旦参加工作，之前所花费的时间和精力岂不是白费了？因此，他又毅然决然地开始复习起来。

命运真是捉弄人，第三次考试，李明宇的英语成绩过关了，但是专业课的成绩却差了几分。原来，因为前两次英语拖了后腿，所以李明宇一直在和英语较劲，不知不觉中就忽略了专业课的复习。事已至此，看着昔日的同学经过三年辛苦的工作已经成了部门主管，李明宇此时此刻心中充满了懊悔。再看看年迈的父母，他更是觉得愧疚不已。

## 第1章
随机应变，根据形势积极寻找应对策略

在这个事例中，李明宇显然犯了固执己见的毛病。他不仅没有考上研究生，而且白白地浪费了自己三年的时间。要知道，在这宝贵的三年时间中，原本和他处于同一条起跑线的同学，现如今已然成了业务骨干、部门主管。和他们比起来，李明宇不仅没得到研究生的一纸文凭，也没有工作经验，还白白地浪费了三年的宝贵时间。倘若李明宇当时能够打开自己的心结，换个角度看待问题，就不会造成今天这种被动的局面。

对于任何人而言，在给自己制定目标的时候，都要随时结合处于变化之中的实际情况，灵活变通地应对。一个追求事业的人，假如通过长期努力还是无法达到设想的目标，那么就应该认真地反省自己。分析现实的情况，看看这个目标对自己是否合适。假如不合适，就要及时止损，适时退出，设立新的目标，避免在一个路口迷茫。

# 第 2 章

## 直面自己，在独处中释放内心

　　生活中，在与人共处时，我们扮演着不同的角色，有着不同的对应轨迹。有的人宁愿面对别人，也不愿单独面对自己。但其实独处是最自由的，人因为习惯了角色与名分，在面对这份自由时，反而显得不知所措、彷徨与空虚。而心境淡定的人，懂得怎样去开发快乐的源泉，会在寂寞的时候给自己安排一片只属于自己的小天地。

> 心量
> 可以生气，但不要越想越气

## 修身养性，心境开阔者不惧孤独

我们的生活中，有这样一些人，他们似乎就是为热闹而生，他们最怕的就是独处，让他们自己待一会儿，对于他们简直就是一种酷刑，只要闲下来，他们就必须找个地方去消遣。在休息日，他们要么去游戏厅，要么找人聊天、逛街、看电影，即使一个人在家里，也会打开电视机，看一些无聊的肥皂剧，或者把音响开到最大。他们极其害怕孤单，他们的日子表面上过得十分热闹，实际上内心却十分空虚，他们所做的一切都是为了避免面对自己、看见自己。

实际上，凡是对寂寞感到恐惧的人，其实质都是不敢面对自己，而究其原因则在于心境狭窄。一个心境开阔的人，必然会因寂寞更加深刻地反省自身，也就更坚定地成就自我，完善自我。

寂寞是一种宝贵的体验，凡庸的人体会不到寂寞带给他的礼物，也难以在寂寞中获得灵魂的馈赠。因此，如果不懂得欣赏和珍惜寂寞，那么，对于寂寞，你只会觉得恐惧。这种空虚与恐惧遮蔽着人们的心灵，使人兴致低沉。

人们常说"寂寞难耐"，为了避免这一点，人们宁愿在觥筹交错、纸醉金迷中消磨时光。对于这些人来说，寂寞是一种可怕的、在任何时候都应该极力避免的情感经历。但如果我们能在寂寞中历练自己的心灵，无论外面的世界多么繁华与喧嚣，我们也可以放飞自己的心灵，天马行空，跟随自己的内心，想做什么就做什么，不想做什么就可以不做什么。一人独处的静美随之而来，清灵随之而来，温馨随之而来。一人独处的时候，贫穷也富有，寂寞也惬意。

享受寂寞，也是忙碌的现代人调剂生活的主要方法。对此，我们可以想方设法给自己制造空闲，或尽可能地给自己留出一些让自己随意放纵的私密空间，从而有机会让自己面对自己的真实内心。你可以选择周末休息的时间，远离工作，穿上舒服的睡衣，播放点轻音乐，把室内灯光调到明暗适中的状态。随意地想想自己要做点什么，或者，就这样静静享受一个人独处的闲暇时光。你可以去自己心爱的书架上随意取出一本自己喜爱的好书，也可以去小心翼翼地翻阅自己珍贵的收藏品……我们有太多可以在寂寞中开阔心境的方法。

你可以把自己的身心交给大自然来净化，漫步于河边，倾听空谷中鸟儿们的绝唱，尽情地吮吸着花儿的芬芳。无须谁来做伴，只有自己，只有在这时你是最真实的。抬头仰望天边云

## 心量
### 可以生气，但不要越想越气

卷云舒，让心随着自己无边的思绪飘飞。此刻，这个世界属于你，你也拥有了整个世界。

你还可以捧一杯香茗，让香气随着空气慢慢弥漫。然后，打开一本好书，让自己在这份难得的宁静中，品味关于生活、关于情感的文字。

你也可以播放轻缓温柔的小夜曲，静静地躺在床上，什么都不想，什么都不做，让自己沉浸在难得营造出的氛围里。让身心在此刻回归本真，默默地享受音乐带给我们心灵的宁静，让音乐来诠释我们对浪漫的渴求。

你当然也可以背上简单的行囊，到向往已久的地方去。不要害怕一个人孤单，随时出发。也许你会如孩童般跑过一片青青草地，找寻儿时的天真与顽皮。你可以大喊一声，打破这宁静的时刻，让孤独的内心得到释放。

成长本身就是一次长途旅行，就让我们在这独处的时光中做回真正的自己吧。在陌生的地方，没人认识你，让这阳光完完全全地照亮那些想喊却没有喊出的日子吧！在这里，一人独处的时光，便是仅属于自己的美妙时刻！

总之，无论生活多么繁重，我们都应在尘世的喧嚣中，找到这份不可多得的静谧。在疲惫中给心灵一点小憩的时间，让自己属于自己，让自己剖析自己，让自己鼓励自己，让自己做回自己……

## 学习独处，在独处中释放内心

我们每个人每天都要为生计奔波，都要面临繁重的工作。我们常常需要周旋于各种应酬场合，似乎很少静下心来，思考人生，思考自己。立身于尘世中太久，你是否经常有种孤独、落寞的感觉呢？你知道自己要的到底是什么样的生活吗？你的心是否曾经被一些自私自利的狭隘思想笼罩过？你是否逐渐变得人云亦云？处于闹世中的我们，要尝试给自己一段独立思考的时间，在冥想中释放自己的内心。

曾经有位事业有成的年轻人，他在朋友的劝说下来看心理医生。这位年轻人觉得自己的工作压力太大了，内心好像已经麻木了。

诊断后，医生也证实他身体毫无问题，那些症状都来源于他心理的问题。医生问年轻人："你最喜欢什么地方？""我不清楚！""小时候你最喜欢做什么事？"医生接着问。"我最喜欢海边。"年轻人思考许久后做出了回答。于是医生说："拿着这三个处方到海边去，你必须在早上9点、中午12点和下午3点分别打开这三个处方。你必须严格按照处方，除非时间到了，否则不得在其他时间打开。"

于是，这位年轻人按照医生的嘱咐来到了海边。

他到达海边时，正好九点，没有收音机、电话。他赶紧打开处方，上面写道："专心倾听。"他走出车子，用耳朵倾听着外界的声音。听到了海浪声，听到了各种海鸟的叫声，听到了风吹沙子的声音，他开始陶醉了，这是另外一个安静的世界。快到中午的时候，他打开了第二个处方，上面写道："回想。"于是，他开始回忆。他想起了小时候在海边嬉戏的情景，与家人一起拾贝壳的情景……怀旧之情滔滔而来。接近下午3点时，他正沉醉在尘封的往事中，温暖与喜悦使他不愿去打开最后一张处方，但他还是按时拆开了。

"回顾你的动机。"这是最困难的部分，亦是整个"治疗"的重心。他开始反省，回忆生活工作中的每件事、每一种状况、每一个人。他发现他很自私，从未超越过自我，从未认同过更高尚的目标、更纯正的动机。他终于意识到这正是造成自己疲倦、无聊、空虚、压力的原因。

在这个故事中，这位年轻人接受医生的建议来到海边。他通过倾听、回想、回顾这三个过程，最终认识到了自己的症结——自私、从未超越自我、从未认同他人，这就是他感到空虚、压力大的原因。心理学家曾说过："人常常会制造垃圾污染自己的内心。"正如清洁工每天早上都要清理成堆的有形垃圾一样，我们要想彻底消除倦怠，也必须经常反省自己。时刻清理心灵和头脑中那些烦恼、忧愁、痛苦这些无形的垃圾,才能真正让自己心如明镜,洞若观火,以最好的状态去投入工作,而释放这些不健康心灵毒素的方法之一就是学会冥想。

身处紧张、忙碌的现实世界中,我们的思想渴望得到放松,冥想就是让自己放松下来。当头脑、身体和心灵真正安静和谐的时候,当头脑、身体和心灵完全合二为一的时候,我们便得到了释放。

冥想是能量的释放,是一种放空自己的方法,是一种忘怀之道。完全忘怀对自己、对世界的所有想象,人就有了截然不同的心灵。冥想还能帮助我们审视自己,审视周围的世界,反思自己的言行。然而,冥想只有在安静的内心环境下才会产生积极作用,否则,很容易产生疲倦和误解等消极的影响。

因此,我们不难发现,独处是让我们内心静下来的好方法。独处能让我们看清自己,看清自己把大部分的精力都倾注在了什么地方。是钱?是情?是权?还是其他什么?它是不是你痛苦的根源?是否能稍稍自我放松一下?独处让自己暂时不再置身其中,从而以不同的视角观察整个世界。

独处,就是要消化心里的不平衡,消化所有的不能接受的结果,消化种种抗拒,消化以往未了的事情。随着冰雪消融,我们的心渐渐地柔软了,渐渐地喜悦了,渐渐地伸缩自如了,智慧的力量就应运而生。抓住自己跟自己在一起的美好感觉吧！当这种美好的感觉越来越稳定的时候，我们的心便不再困扰在各种烦恼中。在这种情形下，我们的心才是自如的，喜悦的！

## 静下心来，才能进行真正有益的思考

人是群居动物，因此，独处的时候，我们常常会感到寂寞。寂寞的时候，你是品品茶，喝喝酒，还是唱唱歌、翻翻书？你是安静地坐一坐，还是悠闲地散散步，抑或是赶快到人群中去寻找情感的共鸣、心灵的慰藉？实际上，耐得住寂寞的人、懂得排遣寂寞的人、忍受得住孤独的人、会享受孤独的人，即使成不了伟大的人物，也必然会有一颗伟大的心灵。因为，乐享寂寞的人心态必定是淡定的，他们常常会选择以独处的方式来思索人生，思索问题，进而提升自我。

那些真正内心淡定的人，崇尚简单的生活，不乐于抛头露面，对人生、社会抱以宽容、不苛求的态度，心灵清净。他们像秋叶一样静美，淡淡地来，淡淡地去，给人以宁静，清心寡欲，活得简单而有韵味。

淡定的人，即使再忙碌，也会偷出空闲滋养自己。待白日的尘埃落定，夜晚会在灯下读点书，修复日渐粗糙的灵魂，使自己依然保持温婉和悦。

朱自清先生在散文《荷塘月色》中写过这样一段话:"我爱热闹,也爱冷静;我爱群居,也爱独处。"人在独处之时可以想许多事情,不受他物的牵绊,让自己的思想尽情遨游,在深思熟虑中获得生命的体验与感悟。这便是孤独的妙处吧。

当我们心情浮躁的时候,又怎能感受到宁静的幸福呢?曾经,有一位百岁老人谈起他的长寿秘诀:"我每活一天,就是赚一天,我一直在赚",这就是生命的真谛:豁达,坦然。

尘世中的我们,又是否有这样一颗淡然、宁静的心呢?是否已被这纷乱的世界扰乱了思绪呢?

人世间有太多会扰乱我们心绪的因素,对此,我们要懂得调节。学会让自己安静,将内心沉浸下来,慢慢降低对事物的欲望。把自我归零,每天都是新的起点。没有年龄的限制,只要对事物的欲望适当降低,就会赢得更多制胜的机会,退一步海阔天空。

在心情烦躁的时候,你可以喝一杯白开水,放一曲舒缓的轻音乐,闭眼回味身边的人与事。可以慢慢梳理自己的未来,这既是一种休息,也是一种冷静的前进思考。

阅读也是让我们凝神静气的方法,这是一个吸收养料的过程,求知欲在呼喊你,生活需要这样的养分。

心量
可以生气，但不要越想越气

## 难得独处，珍惜一个人的美好时光

紧张的忙碌工作之余，当你离开办公桌，沏一杯咖啡，来到窗前，静静俯瞰这城市中匆匆行走的人们的时候，是否觉得自己累了太久，难得寂寞？在万籁俱寂的子夜时分，当你沉沉地睡去，但一想到次日依旧要面临繁杂的工作、生活时，你是否觉得心力交瘁？当你听够了上司的训导，同事的唠叨，孩子的哭闹，家人间的争吵时，你是否很渴望能独处？

在人的一生当中，寂寞、独处的时间实在太少了，尤其是在这喧嚣的世界里，难得寂寞一回！在大都市里，寂寞是一种少有的平静，没有压力，没有喧哗，只有宁静，只有自己的呼吸，只有平平淡淡。在万物沉睡的深夜，在肃静的室内，在空旷的郊野，在所有这些寂寞的时候，世间的烦琐离我们远去，忧虑与烦忧也不再侵扰我们，我们的内心自然会生出许多平安欢喜之情。此时思绪静止，内心安详而淳朴，你会感到一种与天地同在的惬意。

刘女士的儿子刚上小学，孩子所在的小学离刘女士原先的单位有一个多小时的车程。因此，她辞了职，在儿子学校附近的公司找了份工作。

"自从到这边来上班，刘女士几乎就没有了独处的时间，

## 第2章
### 直面自己，在独处中释放内心

办公室是三个人公用的，似乎什么都是大家的领地。好在大家相处是愉快的，事情也做得顺意，总有忙不完的事情。工作之余的时间，多是奉献给了孩子，给了家庭，偶尔的独处，也是在阅读中沉寂自己。'寂寞'这种奢侈的享受已经远离了自己。

"今天下午开会，然后就放假了，我是带着提前放假的孩子来的。会后，大家都回家了，我一个人在办公室，继续着上次未完成的一段视频编辑。孩子和陈先生家的儿子一起玩着，而我一直坐在计算机前。后来孩子也被他爸爸接回去了，只有我一个人坐在空空的办公室，等待着文件的生成、刻录。寂静中，便产生了整理心情的想法，于是诞生了连续几篇散乱的文字：

"本来还是正好的夕阳，不觉间，夜色肆意蔓延开来，偌大的校园已经是寂静一片。站在窗前，视线是极好的，不远处已经是灯火阑珊。围墙外的道路上，街灯安静而闲适，总是让我回想起10多年前的一些黄昏时刻。高中时，一个人走在上晚自习的路上，冬日的黄昏，橘黄色的街灯点缀着深蓝色的天幕，有时飘雨，有时落雪，更多的时候也无风雨也无情，一如自己的大脑，疲惫后感受到宁静与超然；站在学校七楼的寝室窗前，眺望不远的山上那忽明忽暗的灯光，嘉陵江的水声仿佛穿透夜色低语着。思绪缥缈的不知去向，似乎总也不知道家在何方，总有着无限的希冀。当然也有过彻底的绝望，那时候真正地明白了一句话：热闹是他们的，而我什么都没有。'

"寂寞的、超脱的,一种很微妙的感觉似乎成了自己对黄昏最热切的期盼。然而毕竟我们都是红尘俗世中纠缠着的芸芸众生,谁也超脱不了。

"文件制作完成,于是我关上窗户,收拾心情,踏上了回家的路。明天,又是一个惬意舒服的假期,真好!"

故事中的刘女士是个懂得享受生活、享受寂寞的人。但在现实生活中,人们往往因为难以忍耐寂寞而寻求热闹,这不但曲解了寂寞,感受不到寂寞的益处,同时也严重误解了群体生活。许多人参与群体生活的缘由是他们不能够忍受寂寞,需要借助外界的喧闹来驱除自我内心的空虚。而群体生活永远也不能治愈空虚,它只是经精神的麻醉而暂时忘记了寂寞与空虚的存在,结果反而更加重了这种空虚。

实际上,在独处时,我们可以有很多选择:

旅游。旅游是很多现代城市人放松自己的方法,长时间忙碌在钢筋混凝土中的人们,应回归大自然,去感受大自然的馈赠。

读书。读感兴趣的书,读使人轻松愉快的书。发现一本好书,爱不释手,尘世间的一切烦恼都会抛到脑后。

听听音乐。音乐也会让你身心放松下来。音乐是人类最美好的语言。听好歌,轻松愉快的音乐会使人心旷神怡,沉浸在幸福愉快之中而忘记烦恼。放声歌唱也是一种气度，一种潇洒，一种解脱，一种心灵的释放。

总之，寂寞是一种宝贵的情感，凡庸的人总是不能够享受寂寞，难以在寂寞中寻求灵魂的清静与成长。而内心淡定的人，则能够抓住那些难得的寂寞时间来洗涤自己的心灵，享受一个人的美妙世界！

## 与自己相处，倾听内心的声音

一位诗人说过："爱你的寂寞，负担它那以悠扬的怨诉给你引来的痛苦。"而事实上，我们可能忽视的一点是，这种因寂寞而引发的痛苦，却恰恰是我们最应该珍视的礼物，其中就包括对自我的认知。寂寞使我们能够进入一种自我的境地，而正是在这些清醒的时候，我们才更容易接近我们的灵魂，从而帮助我们认识另外一个自己。这是自我认知的开始，也是省悟的开始。

的确，我们不是在喧哗中认识自己，也不是在人群之中认识自己，而恰恰是在寂寞的时刻认识自己，于独居的时刻认识自己。任何一个拥有自我的人，犹如深夜的月光洒落在纯净无瑕的窗户之上，都能做到静静地倾听自己内心的声音，以此认识到自己不为人知的另一面。这一面或许是为人处世中的不足，或许是自己不同于他人的优势，亦或许是某种特长。但无论是什么，只要我们能及时探知，就有利于自身的发展。

富兰克林并不是出身官宦之家，他小的时候，家境很不好。他只在学校读了一年书就不得不出去工作，但童年的艰辛并没有磨灭他的理想和意志，反而激励他更加努力。最终，他成功了，他成了美国人心中杰出的政治家和外交家。富兰克林并不是天才，除了刻苦勤奋外，他是不是还有什么成功的秘诀呢？事实上，在富兰克林的身上，有一种非常重要的品质，那就是善于反省自己。正是这种品质，促使他不断地发现自己的缺点，努力改进，成为一个拥有很多美德的人，最终走向成功。

每天晚上，富兰克林都会问自己："我今天做了什么有意义的事情？"他检讨自己的缺点，发现自己有13种严重的缺点，而其中最为严重的是"喜欢与人争论、浪费时间、总被小事扰乱心绪"。他通过深刻的自我检讨认识到：如果想要成功，就一定要下决心改造自己。

于是，他列出一个表格，表格的一边写下自己所有的缺点，另一边则写上美好的品质，如俭朴、勤奋、清洁、谦虚等。他每天检查，反省自己的得与失，立志改掉缺点，养成那些美德。就这样持续了几年，他终于成功了。

## 第2章
直面自己，在独处中释放内心

我们每个人都不可能永远不犯错误，因此，发现自身发展过程中不足的部分往往是纠正自身错误、实现快速转变的关键所在。面对激烈的竞争，面对瞬息万变的环境，那些不愿意反省自己或者不愿意及时改正错误的人，必将面临被社会淘汰的窘迫结局。同时，在快节奏的信息社会中，一个人如果不能及时察觉自身的缺点，不能以最快的速度修正自己的发展方向，也必然会在学业和事业中落伍，被激烈的竞争所淘汰。

现实生活中，一些人在人生发展的道路上，却把命运交付到别人手上，总是人云亦云，盲目跟风。他们忽视了自己的内在潜力，看不到自身的强大力量，甚至不知道自己到底需要什么。他们不知道未来的路究竟在哪里，浑浑噩噩地过每一天，一直在从事自己不擅长的工作，以至于一事无成。

要挖掘出另一个自我，我们就需要养成在寂寞中思考、在独处中倾听内心声音的良好习惯。你一个人待着时，是感到百无聊赖、难以忍受呢，还是感受到宁静、充实和满足？对于有"自我"的人来说，独处是让内心静下来的绝好方法，是一种美好的体验，独处的过程固然寂寞，但却有利于灵魂的升华。

在独处时，我们能从人群和繁琐的事务中抽身出来，这时候，我们独自面对自己，开始理智与心灵最本真的对话。诚然，与别人谈古论今、闲话家常能帮我们排遣内心的寂寞，但唯有与自己的心灵对话、感受自己的人生时，才会有真正的心灵感

> 心量
> 可以生气，但不要越想越气

悟。和别人一起游山玩水，那只是在享受旅游的快乐。唯有自己独自面对苍茫的群山和辽阔的大海之时，才会真正感受到与大自然的沟通。

所以，一切注重灵魂生活的人对于卢梭的这句话都会有同感："我独处时从来不感到厌烦，无休止的闲聊才是我一辈子忍受不了的事情。"对于独处的喜好与个人的性格完全无关，爱好独处的人同样可能是一个性格活泼、喜欢广交朋友的人。只是无论他怎么乐于与别人交往，独处始终是他生活中的必需品，是自己心向往之的东西。

因此，我们需要安静下来问自己，我们到底是在不断提升自己，还是只顾面子，不肯跟自己"摊牌"呢？或许有正直不阿的指导者曾经指出你所犯的错误，可是，却遭到了你的当面驳斥，因为你实在是不愿意相信，你并没有你自己想象中那样好。

总之，我们每个人都要做一个耐得住寂寞的人，只有这样，才能够挖掘出真实的自己。你也许会发现自己具有某些惊人的力量，也可能会发现自己的缺点或是做得不够好的地方，然后加以改正，使自己不断进步，并扬长避短，发挥出自己的最大潜能，从而不断获得成功。

## 打破寂寞，充实自己的内心

有人说，生命就像一艘船，穿过了一个又一个春秋，经历过风风雨雨，才能驶向宁静的港湾。然而，习惯了喧嚣的人们，当寂寞来临时，他们却手足无措，不知如何调整自己的内心。有人说，孤寂是吞噬生命和美丽的沼泽地。寂寞不可怕，可怕的是心灵的孤独。因此，寂寞的时候，我们需要一点精神上的寄托与追求，敢于去打破寂寞。

曾经有个服刑的犯人在监狱中写下了一篇忏悔的日记：

自从穿上了这身囚服，我才知道什么叫寂寞，我才发现自由是多么的可贵。我有一种无法倾诉的无奈，仿佛置身于没有一丝风的沙漠中。牢房里，虽然不乏各种新闻，也不乏各种话题，但我不感兴趣。可能是环境特殊吧，彼此都害怕对方窥视自己的内心世界，所以人人都不得不心筑高墙。在这种氛围里，那份孤独就显得更加沉重。

于是，为了打发时光，我便在空余的时间拿出书来读。刚开始，我看的是一些修养身心的书，我不急不躁，细嚼慢咽，竟然读了进去。接下来，我又喜欢上了一些道德、法律方面的书，竟让我读出了心得，读出了感悟。到后来，我不光读，而是在"听"——听哲人谈人生道理，听名人谈生活经验，听学者谈对世事的看法,听强者谈怎样面对挫折。

时间久了,读的书多了,我更加后悔以前的行为,以身试法是多么愚蠢啊,不过现在还来得及。于是,我拿起久违的笔,抒发对亲人的思念、检讨曾经的过错……一篇文章的构思过程,就是一次心灵净化与充实的过程。虽然难免有忧伤,有惆怅,但我却不浮躁,不空虚。曾经失落、沮丧的心绪已渐渐褪去,漫长的时光已不再无聊,不再孤寂。这是否算得上是一种境界,一份收获?

我曾经暗叹牢狱生活是如此的漫长,如今却发现,如果能够做到把刑期当学期,便可以学到许多对自己有用的知识。学会在寂寞中充实自己,人生才会感到精彩,才能得到许多意想不到的收获!

看到这篇日记,我们感到欣慰。孤寂的牢狱生活并没有让他再次堕落,他选择了以读书的方式来充实自己的内心。的确,书对于内心是一种滋润,读书也是一种内省与自察。随着感悟与体会,淡淡的喜悦在心头升起,浮躁的内心也渐归平静,从而让自己始终保持一种纯净而又向上的心态,不失信心地面对现实,介入生活,创造美好。

英国作家汤玛斯说:"书籍超越了时间的藩篱,它可以把我们从狭窄的目光延伸到过去和未来。"读书是一次深入自我的探险旅程，是发掘自身价值的一种途径，书籍的背后是一种文化的力量。有了这种探险的历程和文化的力量，我们定会在一本本书中看清自己，看清过去和未来，并在不间断的思考中挖掘出自己的潜能，走出狭隘，驱散浮躁。在心中开启一扇智慧之窗，开阔视野，涵养性情，丰富自我，修炼人格，为幸福开辟一条条绿色通道。

寂寞是一把"双刃剑"，淡定的人会在寂寞中锻炼自己的心性，而愚蠢的人却在寂寞中迷失方向，一蹶不振，脱离了成功的轨道。寂寞是喧闹世界的陪衬，就像绿叶对于鲜花一样。

寂寞中寻求彼岸，我们需要对自己充满信心。人的一生就好比船在大海上航行，不可能永远一帆风顺，难免会遇到狂风、怒涛、暗礁等各种各样的危险。同样，寂寞也只是我们通向成功路上的一个小小的挫折。只要我们有信心，有勇气，我们就可以去搏斗，去尽享奋斗人生的快乐，把寂寞当作成功路上的垫脚石，助力我们走得更远。如果一个人在寂寞中失去了信心，那么他只会越陷越深，最终被寂寞吞噬。所以，多给自己一点信心，相信自己也一样能够创造奇迹。

学会在寂寞中寻找方向，需要我们时刻怀有一颗追求和进取的心。寂寞中，如果缺少了追求和进取的热情，那么就如同身心已疲惫，四肢的活力不再迸发生命也等于已经消亡。而只要有追求，前景就永远是一片灿烂。歌德说过："人人心中有一盏灯，强者经风不熄，弱者遇风即灭，这盏灯是理想。"若希望理想之灯绽放出光芒，就需要我们不断付出，甚至是毕生的努力。在寂寞中，有的人整天处在幻想中，把未来的生活描绘得五光十色。然而，却只能雾里看花、水中望月罢了。没有追求的人，就像一艘无舵的孤舟，终将被大海吞没；不懂进取的人，就像一颗黑夜的流星，不知会陨落何方。所以，任何时候都不要放弃自己对理想的追求，不断进取，方能克服寂寞，从而找到幸福的彼岸。

学会在寂寞中寻求彼岸，需要我们主动去开垦寂寞。寂寞的时候，请不要一味地抱着消极的心态去打发时间，可以去做一些有意义的事情。古人云："书中自有黄金屋，书中自有颜如玉。"读书可以让我们增长见识，让我们的身心得到放松。你可以坐在阳台上，也可以蜷缩在沙发里，随时随地进入书的海洋。除此之外，我们还可以静静地听听歌、发呆或者随意写一些文字。总之，只要你不在寂寞中消沉，而是让自己的四肢忙碌起来，你就会找到一个充实的自我。任何时候都要记住，寂寞不是放纵自己的理由。学会开垦自己的寂寞，不气馁、不消沉，辛勤地耕耘，你终将走出寂寞。

# 第3章

## 圆润通达，少点较真，实现无为而治

《红楼梦》第五回中有这样一句话："世事洞明皆学问，人情练达即文章。"真正做人的道理是要通过社会的历练而来，明代冯梦龙的《醒世恒言》中说："可惜你满腹文章，看不出人情世故。"的确，身处社会中，我们都免不了要与人打交道。然而，在道家的处世之道中，无为而治被推崇为高明的智慧。这是一种以柔克刚的道行，为人从容往往能够左右逢源，在交际中如鱼得水。

心量
可以生气，但不要越想越气

## 与其针锋相对，不如通融做事

生活中，我们经常会遇到与他人意见不同甚至立场完全不同的情况。面对这种情况，有些人还没有弄懂人家的真实想法，就这也批评那也指责，甚至进行人身攻击式的全面否定。这些人很明显是被排除在"人际关系良好者"之列的，甚至会招人厌恶，因为人人都有渴望被肯定，不愿遭到否定的心理。

生活中，因为说话不给人留情面，总喜欢否定别人，反过来给自己造成了窘境的例子随处可见。其实，细心观察后你会发觉，也许错误就在你这一边，你的观点不一定与事实完全相符。而即使你的观点是正确的，那又如何？与他人针锋相对会让你失去一个朋友，多一个敌人，岂不得不偿失？这大概就是人们说的"与生活讲和"。在人际交往中，让步是一种常用的处理问题的方法。让步不是懦弱的表现，而是一种修养。让步只是暂时的退却，为进一尺有时就必须先做出退一寸的忍让。为避免吃大亏，就不应计较吃点小亏。况且有时听取了别人的意见，反而会使自己受益无穷。

## 第3章
### 圆润通达，少点较真，实现无为而治

当然，我们有时也会遇到他人故意针对我们的情况。但无论如何，圆润通达绝对胜过针锋相对。

有一位聪明的人，叫那先比丘，他通过圆滑的处事方式避免了冲突的发生，维护了自己的尊严。

一次，弥兰陀王故意要为难那先比丘，就诘责他说："你跟佛陀不是同一个时代的人，也没有见过释迦牟尼佛，怎么会知道有没有佛陀这个人？"

聪明的那先比丘就反问他说："大王，您的王位是谁传给您的呢？"

"我父亲传给我的啊！"

"父亲的王位是谁传给他的？"

"祖父。"

"祖父的王位又是谁的？"

"曾祖父啊！"

那先比丘继续问："这样一代代往上追溯，您相不相信您的国家有一个开国君主呢？"

弥兰陀王回答："我当然相信！"

"您见过他吗？"

……

## 心量
### 可以生气，但不要越想越气

那先比丘面对弥兰陀王的为难，他并没有生气，也没有立即反驳，而是采用类比法，让对方的观点不攻自破。

那么，与人交往的过程中，遇到与他人意见相左的时候，我们该如何避免针锋相对呢？

第一，理解他人，体贴他人。

盲目地否定他人的意见，许多时候只是因为对他人的排斥。如果能够做到理解他人、体贴他人，就能少一些盲目。为此，我们要善于发现他人的见解的独到性。只有这样，才能多角度地看问题，否则你就会发现自己固定在某一个立场上。因此，无论何时都要注意，切勿听到不同的观点就怒不可遏。

第二，大动肝火前要考虑后果。

我们每做出一种论断的时候，尤其是反驳他人的时候，我们最好想想，自己将要做出的这种论断是否有助于解决问题。是火上浇油，还是雪上加霜呢？我们能否不去过多批判他人，转而多提些建设性的意见呢？

第三，多肯定别人。

在行为科学中有一个著名的"保龄球效应"：两名保龄球教练分别训练各自的队员。他们的队员都是一球打倒了7只瓶。教练甲对自己的队员说："很好！打倒了7只。"他的队员听了教练的赞扬很受鼓舞，心想：下次一定再加把劲，把剩下的3只也打倒。

教练乙则对他的队员说："怎么搞的？还有 3 只没打倒。"队员听了教练的指责，心里很不服气，暗想：你为什么看不见我已经打倒的那 7 只。

结果，教练甲训练的队员成绩不断提高，教练乙训练的队员却打得一次不如一次。

这一效应告诉我们，在相同的状况下，说话时转换一个角度，就可能会对他人产生不同影响。每个人都希望得到他人的肯定和赞扬，这也是每一个人的正常心理需要。而在面对指责时，不自觉地为自己辩护，也是正常的心理防卫机制。

第四，说话不可太绝对，要留有余地。

说话不留余地就会把人逼上绝路。因为凡事总可能遭遇意外，留有余地，就是为了容纳这些意外，以免自己将来下不了台。

当然，不否定他人也并不是毫无原则的，一味地迎合，反倒会引起别人的反感。因此，我们要把握好说话的分寸，说话前多加思考，知道什么该说，什么不该说，在该说的时候说得恰到好处，你的话才不会惹恼他人，才会有更加良好的人际关系！

## 找到方法，就能四两拨千斤

中华民族历来崇尚智慧，"四两拨千斤"即为一例。"四

## 心量
### 可以生气，但不要越想越气

两拨千斤"最初用于描述太极拳的攻击技巧，其精髓是"尚巧善变"。这不仅是中国武术的重要技术特色，也是一种灵活变通的思维模式。在当今社会，我们也应该有这种思维，做事时学会四两拨千斤，找到方法，才能克敌制胜，在竞争中脱颖而出。

20世纪40年代，美国流传着一个小针孔造就百万富翁的故事：美国许多制糖公司把方糖运往南美洲时，都会因方糖在海运途中受潮而造成巨大损失。这些公司花了很多钱请专家研究，却一直未能解决问题。而一个在轮船上工作的工人却用最简单的方法解决了这一难题：在方糖包装盒的角上戳个通气孔，这样，方糖就不会在海上运输时受潮了。

这个方法使制糖公司减少了几千万美元的损失，而且还不需要什么成本。这个工人专利意识十分强，他马上为该方法申请了专利保护。后来，他把这个专利卖给各大制糖公司，成了百万富翁。

而上面这个点子又启发了一个日本人。这个日本人想：钻孔的方法可用于其他许多方面，不光是方糖包装盒。他考察了许多项目，最终发现：在打火机的火芯盖上钻个小孔，能够大幅延长油的使用时间，他也凭着这个专利发了财。

很多时候，成功仅仅在于一个小小的细节。故事中的两个

## 第3章
### 圆润通达，少点较真，实现无为而治

人就是利用小小的细节，做到了四两拨千斤。注意细节，细心观察，就能"察人之所未察"，就能以小见大，获得成功。

现今社会，竞争日益激烈，我们要想在竞争中不被竞争对手打败，就不能蛮干，而是要巧干，就应该有灵活思维的习惯。而这种思维习惯的获得，需要我们长期来培养。

那么，什么是"四两拨千斤"呢？它的具体含义：

1. 以柔克刚

避敌之锐，不一味地硬碰硬，在随和中抓住机会，瞬间击倒对方。

2. 借力

双方争斗，就是双方力与力的转换、落实，借敌之力乃与我之力合，对方之力反加其身，或变其力作用线，或虚其力作用点，或二者合一。这便是"机由己发，力从人借"。

"四两"之所以能够"拨千斤"，最主要的就是找准"用力点"，而且这是最有影响的点。找准这个点再发力，就能起到"拨千斤"的效果。

要知道，世上没有做不成的事，只有做不成事的人。一个真正想成就一番事业的人，除了具有满腔热血外，还要拥有聪明的头脑和过人的智慧。不意气用事，而是用理智的头脑分析局势，适时地转换观念，另谋出路。

同样，这个道理不仅适用于做事，也适用于做人。在这个

心量
可以生气，但不要越想越气

复杂的社会中，从容一点，以柔克刚，这是为人处世的一种策略，同时，也是一门学问。

## 巧妙示弱，实现共赢才是明智之举

同情弱者是人的天性，再铁石心肠的人，内心同样也有颗同情的种子。现代社会中，处处存在人与人之间利益的交涉。在利益面前，我们同样应该抓住人们这一共性心理。在言语上适当示弱，在对方放松警惕时，抓住时机提出要求，达到交涉目的也就容易得多。

汽车巨头亨利·福特公司的业务很忙，他们的桌子上总是堆满了各种催账单。福特每次都是大概看一眼后，就把账单扔在桌子上，对经理说："你们看着办吧，我也不知道先付谁的比较好！"

但是，有一次，他从一大堆的催账单中抽出一张，对财务经理说："马上付给他！"

这是一张传真来的账单，除了列明货物的价格、总金额外，在大面积空白处还画着一个头像，头像正在滴着眼泪。

"看看，人家都流泪了，"福特说，"以最快的方式付给他吧!"

谁都明白,这个催账人并非真的在流泪,他之所以急着催账,可能另有苦衷或急需资金。而他的几滴"眼泪"迅速引起了对方重视,以最快的速度要回了大笔货款。看来,这眼泪的威力实在是不容小觑啊!

当然,现代社会中,与人交涉并不是说凡事都要摆出一副可怜兮兮的样子,随意掉几滴泪。而是说,我们应该调动听者的同情心,使对方在感情上与你靠近,产生共鸣。这就为问题的解决打下了基础。人心都是肉长的,只要我们能适当示弱,对方是会动心的。

有位教师,教学科研成绩突出,各项条件也均已具备,但总也评不上职称,原因是他与校领导关系不好。这位教师上告到上级主管领导处,虽然用尽一切办法让领导引起对自己能力的关注,但仍收效不大。这位领导听后反而推辞说:"评不上是学校的问题,学校不上报,我又有什么办法?"这位教师早有心理准备,立刻说:"如果学校能解决,我就不会来麻烦您了。我是逐级按程序反映。您是上级领导,而且又主管这方面的工作,下面在这方面出了问题,您是有权过问的。如果您不及时处理,出现更大的麻烦,那就晚了。我想,只要您肯过问,您的意见学校是会听的。"教师的这番话很奏效,这位领导很快改变了态度,事情也最终得以解决。

这位教师求上级办事之所以成功,是因为他运用了一定的说话技巧。他的言外之意是:"处理此事是您的责任,如果您不过问就是失职。我过后还会向更高的上级领导反映,那时,您可就被动了。"虽然是示弱,却显得不卑不亢,让对方不得不处理此事。

可见,我们所说的示弱并不是真的在示弱,也并不是非得以流眼泪的方式才能博得对方的同情,这只不过是一种说话的技巧,以达到你的目的。在生活中,我们常常会听老人们这样说:"软刀子更扎人。"也就是说,无论是求人办事还是谈判,我们都要学会硬话软说,同时态度也要不卑不亢。

那么,我们该怎样用语言示弱,从而操控对方的同理心呢?

1. 扬人之长,揭己所短

这一心理策略的目的是使谈话的重心不偏不倚,或使对方获得心理上的满足,从而达到目的。

有个人非常善于做皮鞋的生意,在相同的时间里,别人卖一双,他可以卖好几双。一次谈话中,别人问他做生意有何诀窍,他笑了笑说:"要善于示弱。"

## 第 3 章
圆润通达，少点较真，实现无为而治

他举了个例子说："有些顾客到你这里来买鞋子，总是东挑西拣到处找毛病，把你的皮鞋说得一无是处。顾客又总是头头是道地告诉你哪种皮鞋最好，价格又适中，式样与做工又如何精致，好像他们是这方面的专家。这时，你若与之争论，则毫无用处，他们这样评论只不过想以较低的价格把皮鞋买到手。这时，你要学会示弱，比如，你可以夸赞对方确实眼光独到，很会选鞋挑鞋，自己的皮鞋确实有不足之处。虽然自己的皮鞋式样并不新潮，但是走起路来较稳。虽然鞋底不是牛筋底，不能踩出笃笃的响声，但柔软一些也有柔软的好处。在承认不足的同时也可以借此机会从侧面赞扬一番这鞋子的优点，也许这正是他们瞧中的地方，使他们动心。顾客花这么大心思，正是表明了他们其实是很喜欢这种鞋子。善于示弱，满足了对方的挑剔心理，这样，一笔生意很快就能成功。"这就是他卖鞋的妙招。

这位商人之所以能生意兴隆，主要就是他抓住了客户爱挑剔的心理，懂得示弱。客户挑剔鞋子，实际上是对鞋子进行了细致的了解，如果我们面对客户的挑剔采取强硬的反驳态度，可能就失去了一个客户。

2. 说话要有耐心

人们经常因为没有花时间系统地反思自己的先入之见，而身陷糟糕的境地中。心理学家把这种急切的心态称为"确认陷阱"——他们没有去寻找支持自己想法的证据，同时又忽视了那些能证明与之相悖的证据。

从对方的角度看，我们说话越是有耐心，他们越是能看出我们的素质和修养，自然也就更愿意与我们合作。

总之，在争取合作的过程中，我们若想让谈判结果朝着自己希望的方向发展，就要学会用"情"说话，让对方心服口服。这比用尽心机让对方无奈妥协的效果要好得多。

## 难得糊涂，太过精明其实是与自己过不去

中国儒家的处事之道中，"大智若愚"被推崇为大智慧。在当今社会，难得糊涂的人往往左右逢源，处处如鱼得水。"装傻"是交际哲学的最高境界，"装傻"并非真傻，而是大智若愚。锋芒太露易遭嫉恨，也更容易树敌，功高震主不知给多少下属臣子招致祸患。大智若愚者可以迷惑对方，掩盖自己的真实才能，做个会"装傻"的明白人，才是上乘的交际之策。

所谓"花要半开，酒要半醉"，在我们交际应酬时，即使正处于人生的志得意满之时，也不可趾高气扬，目空一切。无论你有怎样出众的才智，也不要太过于自以为是。而是要学会

韬光养晦,赢得更融洽的人际关系。

与人交往的过程中,我们要懂得适时"装傻"的技巧,不暴露自己的高明,更不能不分场合地纠正对方的错误。装傻可以为人遮羞,自找台阶;也可以故作不知达成幽默,让别人放下心中的警惕和芥蒂,从而成功地获取信任。

苏联卫国战争初期,德军长驱直入。在此生死存亡之际,曾在国内战争时期驰骋疆场的老将们,如铁木辛哥、伏罗希洛夫、布琼尼等,首先挑起前敌指挥的重担。但面对新的形势,他们渐感力不从心。时势造英雄,一批青年军事家,如朱可夫、西列夫斯基、什捷缅科等脱颖而出。这中间,老将们思想上不是没有波动的。1964年2月,苏联元帅铁木辛哥受命去波罗的海,协调一二方面军的行动,什捷缅科作为他的参谋长同行前往。什捷缅科早知道这位元帅对总参部的人抱怀疑态度,思想上有个疙瘩,心想:"命令终归是命令,只能服从了。"等他们上了火车,吃晚饭时,一场不愉快的谈话开始了。铁木辛哥先发出一通连珠炮:"为什么派你跟我一起去?是想来教育我们这些老头子,监督我们的吧!你们还在桌子底下跑的时候,我们已经率领着成师的部队在打仗了,为了给你们建立苏维埃政权而奋斗。你军事学院毕业,就自以为了不起了,革命开始的时候,你才几岁?"这通训斥,已经近乎侮辱了。但什捷缅科却老实地回答:"那时候,才刚满十岁。"接着又表示自己对元帅非常尊重,准备向他学习。铁木辛哥最后说:"算了,外交家,睡觉吧。时间会证明谁是什么样的人。"

他们共同工作了一个月后,在一次晚间喝茶的时候,铁木辛哥突然说:"现在我明白了,你并不是我原来认为的那种人。我以为你是斯大林专门派来监督我的……"后来什捷缅科被召回时,很舍不得和铁木辛哥分离。又过了一个月,铁木辛哥亲自向大本营提出请求,想要与这个晚辈共事。

长江后浪推前浪,这是理所当然的事。但作为老将的铁木辛哥心中自然不好受,这也是可以理解的。面对铁木辛哥的发难,什捷缅科在受辱之时真诚老实,过了铁元帅的关,体现了后生的谦卑及对前辈的尊重,这是大智若愚的表现。懂得装假者绝非愚笨,憨厚有时是最高智慧者才能做出的行为。许多时候,要想受到别人的敬重,就必须隐藏你的聪明。

当然,除了大智若愚外,我们还可以睁一只眼闭一只眼,揣着明白装糊涂,这是一种大智慧。在交际活动中,语言的功效固然不容置疑,但是很多时候单凭言语难以说服对方。采用交际情境表意,睁一只眼闭一只眼,采用一些"虚张声势"的小计谋,常可以产生言语所不能达到的效应,这是聪明人的装傻哲学。

## 第3章
### 圆润通达，少点较真，实现无为而治

看《三国演义》，我们不难发现，刘备死后，诸葛亮好像没有大的作为了，这便是诸葛亮韬光养晦之道。

刘备死后，诸葛亮不再像刘备在世时那样锋芒毕露。在刘备这样的明君手下，诸葛亮是不用担心受猜忌的，因此他可以尽力发挥自己的才华，以此来辅助刘备。刘备死后，阿斗继位。刘备当着群臣的面说："如果他可以胜任，就好好辅助他；如果他不是当君主的材料，你就自立为君算了。"诸葛亮顿时冒了虚汗，手足无措，哭着跪拜于地说："臣怎么能不竭尽全力，尽忠贞之节，一直到死而不松懈呢？"说完便叩头。刘备即便再仁义，也不至于把国家让给诸葛亮，他说让诸葛亮为君，怎知有没有杀他的心思呢？因此，诸葛亮一方面行事谨慎，鞠躬尽瘁，另一方面则常年征战在外，以防给人留下把柄。而且他锋芒大有收敛，故意显示自己老而无用，以免祸及自身。

收敛锋芒是诸葛亮的大智慧，不然就有功高盖主之嫌，还会遭人猜忌，这当然也是一种明智的处世哲学。交际应酬中，你不露锋芒，可能得不到他人的关注和重视；但锋芒太露，却易招人嫉妒憎恨。虽容易取得了暂时的成功，在众人面前露了脸，却为自己掘好了坟墓。当你过分施展自己的才华时，也就埋下了危机的种子。

所以，当今社会，在交际应酬中，我们显露才华也要适可而止，适当的时候装装傻。当然，这也是需要很好的演技的，

否则，如果没有掌握得恰到好处，反而会弄巧成拙，这就在考验我们见机行事的能力。聪明的人会在交际中给自己留有余地，对周围的人和事运筹帷幄。

可见，会装傻的人才是真聪明。我们在与人交往的过程中，切忌锋芒毕露，要学会圆融处事，要学会半开半合，微醉微醒，做个会装傻的明白人。

## 宽容，永远是误会的最佳解药

人与人相处，难免会产生一些误会。我们千万不能小瞧误会，它随时可能吞噬掉你周围的一切，甚至是你自己。因为误会，别人可能会误解你自己的人品，让自己成为大家背后指点谈资的对象；因为误会，同事间可能会引起工作上的分歧，造成集体和个人无法估量的损失；因为误会，多年志同道合的朋友可能会分道扬镳；因为误会，如胶似漆的恋人也可能劳燕分飞……误会常常会给别人带来痛苦，造成伤害，同时也给自己带来伤痛。所以，我们不能随便误解别人，一定要了解情况后再下结论。被别人误解后，也一定要宽容一点，并及时寻找机会，解释清楚。误会少一些，快乐就会多一些。

而现实生活中，很多人坚持所谓的"走自己的路，让别人

## 第3章
**圆润通达，少点较真，实现无为而治**

去说吧"这一观点，结果就造成误会越来越深，不仅破坏了友谊，又毁坏了人际关系。其实，仔细想想，这是不是得不偿失呢？你并没有做什么违背道义和原则的事，但在对方心中，却给你贴了一个负面的标签。其实，误会的产生是由于信息不对称造成的。人与人之间产生误会并不是什么大不了的事，但"面子害死人"的故事也已经屡见不鲜。何必为了所谓的面子，而伤害彼此间的关系呢？相反，解开误会，除了能让彼此心中豁然开朗外，还能增加彼此间的信任和友谊。

从前，有个七十多岁的老汉，他家养了几头黄牛。老人家年事已高，那头母黄牛每年能为他生一头小牛仔，这样他就可以每年卖一头黄牛了，这也是老汉的主要收入来源。

可没想到的是，有一年开春后，老汉家竟走失了一头三个月大的小牛犊。这让老汉心急如焚，老汉起早贪黑到处寻找，夜里也翻来覆去地想着这头走失的牛。

梅雨季节来临后，村子里总是不停地下雨。有一天傍晚，老汉在一个牛栏里看到一头小牛，和自己曾经走失的那头很像。于是他找到了牛栏的主人张三，说："兄弟，我的牛走失了，原来是跟了你的牛！"张三一听，感到很奇怪，自己家的牛怎么会是老汉的呢？但老汉仍坚持那是自己的牛，于是，两人开始争吵起来。

## 心量
### 可以生气，但不要越想越气

这时候，大家请来了村长劝架、老汉和张三也静下来了。老汉和张三都将心中的疑问说了出来。村长听后，基本上明白了事情的原委。只是，他追问了一句："老人家，您的牛有什么特征吗？"老汉说了一些其他所有牛都有的特征，并不能说明问题。村长又问他的牛多大了，老汉说一个月大，村长一听，马上就做出了判断。他说："这头牛是张三的。"大家很诧异，村长接着说："老人家的牛是两个月前走丢的，也就是说，现在已经三个月大了，而很明显，这头牛才一个月大。"

老汉一听，果真有道理。于是，老汉向张三道了歉，张三说话的语气也缓和了。自打那次以后，张三和老汉的关系变得很亲密，没事就串门。时间一长，两人犹如父子一样，被村里的人称赞。

这是个温馨的故事，故事中的老汉和张三之间存在误会，但在村长的帮忙下，两人的误会解开了。老汉之所以认为张三的牛是自己的，是因为他没有用发展的眼光看问题，牛是会随着时间的流逝而长大的。而解开误会后，张三和老汉之间却因此而联系密切了，可谓是由怨转喜。

因此，在生活中，当你与人产生误会以后，不要憋在心里，更不要碍于面子逃避辩解，以至于误会越来越深，不妨采取一些措施，来为自己进行恰当的辩解。那么，我们具体应该怎么做呢？

1. 找出误解产生的原因

造成误解主要有几种原因：其一，表达信息或说明某些事情时言词不足；其二，不管什么事，都顾虑过多，过分小心翼翼，从不发表意见；其三，如果在公众场合，你衣冠不整，言谈举止不拘小节，也会让周围的人产生不好的印象，且会造成误解；有时候纵然是玩笑话，若造成对方的不快，会导致不可避免的误解，甚至一句安慰、感激的话，如果对方理解的方式不同，也可能会变成误解。

因此，你必须下一番功夫内查外调，搞清楚对方的误解源于何处，否则任凭你费多少口舌，也会解释不清楚。搞不好还会越描越黑，弄巧成拙。

2. 消除自我委屈情绪

出现误会后，心中怀有委屈情绪，却不愿开口向对方作解释，这种情况会严重阻碍彼此间的交流。实际上，我们每个人都应多替对方着想。无论他是气量小，心胸窄，还是不了解真相，不了解你的一番苦心，都不必去计较。只要你真诚地向他表明心迹，误会便会消失。

3. 鼓起勇气，当面说清

人都有脆弱的一面，有时遇到问题不敢当面对质，有胆怯的心理，结果把问题搞得极为复杂。记住，如果有误会，就一定要亲自向对方说明情况，千万不要找各种借口推脱。克服困难才能战胜自己，想方设法当面表明心意。

4.态度要诚恳

本来彼此之间就已经存在误会，要想消除误会，首先要表现自己诚恳的态度。态度是否诚恳，对方一下子就能看出来。如果是虚情假意，别人会更加不满，心理抵触情绪只会更大。

当然，为了避免造成这种不必要的损失，就要尽量减少误会的产生，不要轻易地误解他人，也尽量不要被别人误解。

## 拒绝有方法，避免伤及他人面子

"助人为快乐之本"，这是人人都知道的一句格言。生活中难免会遇到这样的情况：亲人、朋友、同事甚至是陌生人，有时要求你办一些事情，而这些要求有的根本就不合理，甚至是超过了你的能力范围，你的内心是不情愿的。但是，如果不帮忙，又会担心别人会因此而不高兴，也担心会影响日后双方的交往。那么，你就要尽量从对方能承受的心理范围内出发，巧妙地加以拒绝。

总之，否定和拒绝有一条原则，就是在不误解意思的情况下，尽量少用生硬的否定词，把话说得委婉一点，不让自己表现得无情，又让对方感受到自己的不情愿。在非原则性问题上，又能够使对方听出弦外之音，彼此和和气气。因此，在拒绝他人时，这是一种很好的方法，不仅能达到自己的目的，而且还不伤和气。

曾有个野心勃勃的军官一而再、再而三地请求首相狄斯累利加封他为男爵。狄斯累利知道这个人才能超群，也很想跟他搞好关系。但军官不够加封条件，狄斯累利无法满足他的要求。

有一天，狄斯累利把这位军官单独请到办公室里。首相便就对这位军官说："亲爱的朋友，很抱歉我不能给你男爵的封号，但我可以给你一样更好的东西。"

随后，狄斯累利放低声音地说："我会告诉所有人，我曾多次请你接受男爵的封号，但都被你拒绝了。"

这位军官同意了狄斯累利的建议，这个消息一传出，很多人都称赞这位军官谦虚无私、淡泊名利，对他的礼遇和尊敬远远超过任何一位男爵所该有的。军官得到了很高的评价，因此，他对狄斯累利由衷地表达了感激。后来，这位军官就成为狄斯雷利首相最忠实的伙伴和最坚强的军事后盾。

这里，狄斯累利拒绝军官的方式是巧妙的。既没有让对方感到难堪，还让对方成为自己重要的支持者，真可谓一举两得。

我们都希望能帮助他人，但当别人前来请求协助时，难免会遇到自己力不从心的时候。想做个有求必应的人并不容易。人们的要求多种多样，往往是能做到和不能做到的并存，如果你不好意思当面说"不"，轻易承诺了自己无法履行的职责，将会带给自己更大的困扰和沟通上的难度。有些人不敢对他人说出"不"字，这也是有一定的心理原因的——当我们面对他人对自己提出的要求时，很多人会感觉为难，拒绝又担心对方认为自己不够意思，接受又感觉难以兑现。此矛盾的深层次问题在于自己未能形成一个系统的处事原则，即哪些事我必须要做，哪些事我可以选择去做。必须要做的事，一定要尽力为之；而面对无能为力的事情时，就必须要采取拒绝的方式了。

的确，拒绝就意味着将对方拒之门外，拒绝了对方的一片"好意"，有时会让对方很难堪。而如果我们能根据不同的场合和对象进行综合考虑，委婉地拒绝，或以情动人地说出理由，或先赞美对方再否定，或为对方寻求更好的解决方法。即便是拒绝，对方也会感觉到你的情义。

的确，人们拒绝他人的方式是多种多样的，或是力不能及，或是爱莫能助。如果你不想因为拒绝而破坏你与对方的关系，那么，你就不妨在你拒绝的语言中加入点情感的因素，就要注意做到以下几点：

1. 口气要平缓

虽是给予对方拒绝，但交流时的语气要尽量平缓些，不要太强硬。当然，面对那些无理的要求，则另当别论。

2. 表示遗憾

设法向对方传递你虽帮不了他，但你还是为他遇到的问题而感觉着急，并在内心里希望他能解决这个问题的信息，而非"事不关己"之意，甚至是"隔岸观火"之态。

3. 做好解释

用真诚的话语告诉对方，自己因哪些因素而不能帮他。是帮不了或不便帮，而非不愿帮。

4. 提出建议

设身处地，为对方提出相应的建议或解决办法。

总之，对于一些你自己帮不了，但你可以提出一些建议的时候，你要站在对方的角度，围绕问题本身，帮他找办法，并给出你的建议，供他参考。只要你的建议对他有帮助，对方同样会对你产生感激之情，至少不会怀疑你对他的诚意。

# 第4章

## 淡定从容，遇事沉着冷静才能成大事

在生活中，每个人都希望能修炼出从容淡定的心态。然而，从容淡定的心态却不是一朝一夕就能形成的。生活就像一条大河，既有静水流深的地方，也有水流湍急的时候，河两岸的景色也是随着四季的变化而变化的，甚至还有很多出人意料的"惊喜"。这些"惊喜"或是令人惊，亦或是令人喜，不管我们是否愿意接受，它们都如约而至。因此，我们不如坦然镇定、无所畏惧地面对生活中的酸甜苦辣。

心量
可以生气，但不要越想越气

## 有勇有谋，方能从容做事

在生活中，人们总是被一些规矩限定着，还可能被有些所谓的权威人物在一旁指手画脚。倘若一个人意志薄弱，缺乏主见，很容易就会失去自我，不知道该如何是好。从成功人士的身上，我们不难发现他们的共同点，即有主见，有胆识，从来不人云亦云。不管是面对大风大浪，还是坎坷挫折，他们总是能够从容淡定地面对，并且化险为夷。这正是获得成功的秘诀所在。

在现实生活中，人们总是被很多繁杂的事情困扰着，很多事情需要独自面对。毋庸置疑，做人就是做事，做事是人生的核心。那么，要想拥有成功的人生，就要尽力做好所有的事情。假如能够掌握做事的诀窍，就能坦然面对并解决很多棘手的事情，获得成功。要想衡量和评价一个人的综合能力，就要去观察他做事的能力。不管是什么样的荣誉，都必须通过做事赢得。即便有再强的能力，也需要在做事的过程中展现出来。在竞争日趋激烈的当今社会，要想获得成功，就必须要拥有从容做事

## 第4章
### 淡定从容，遇事沉着冷静才能成大事

的能力。

张铭是一家证券公司的业务员。刚刚进入证券行业的时候，张铭默默无闻，业绩平平。为此，他非常着急，想要找出一个好办法来提升自己的业绩。然而，证券行业的竞争的确太激烈了，普通人很难从中脱颖而出。

有一段时间，张铭每天都行色匆匆，频繁地出入高档会所、高尔夫球场等场所。面对张铭的举动，大家都疑惑不解，不知道张铭的葫芦里卖的是什么药。过了一段时间之后，张铭的业务量突然节节攀升，一下子跃居第一名。出人意料的是，张铭并没有像前段时间那样整日见不着人地忙活，而是悠闲自在地坐在公司里等着客户上门。让同事们更为吃惊的是，客户果然接二连三地找上门来，并且都非常认可张铭的服务。张铭所在部门的经理百思不得其解，虽然他在证券行业已经干了十几年，但是却从来没有见过一个刚刚入行的新手能够有这样好的业绩，表现出如此大的进步。因此，他暗中观察张铭的一举一动，想从中发现张铭是怎么吸引客户的。

经理煞费苦心地观察了好几天，但是却并没有发现什么特别之处。和大多数人一样，张铭接待客户之后就把客户带到自己的办公桌旁洽谈，并且所谈的内容也并没有什么新奇之处。一个偶然的机会，经理发现了张铭的秘密。原来，在张铭的办

公室中，摆放着很多家庭的生活照。但是，这些生活照却大有玄机。只要细心观察就会发现，那些生活照中包括了一些张铭和知名人士的合影，诸如影星莉莉、房地产大亨朱晓、投资理财专家李强等。看到这些照片，经理才恍然大悟。

原来，张铭在思考如何提高业绩的过程中，突然想到了一个好主意，即出入那些富豪和知名人士经常出入的场所，并找个机会与他们合影留念。虽然这些照片看上去很不起眼，但是却能够在客户心里产生巨大的影响，他们会理所当然地认为：这个影星也是他的忠实客户，否则怎么会和他合影呢？如此一来，客户对张铭的信任度自然高了很多，张铭的业务量也就如芝麻开花，节节高升。

张铭之所以能够在短时间内取得成功，一方面是因为他有开阔的思维，能够在别人忽略的地方想办法；另一方面是，他很有实干精神，非常有主见，只要想到了，就脚踏实地开展行动。和张铭比起来，许多人可能会想到更好的主意，但总是想想就搁浅了，从来不付诸行动。或者，一旦别人提出不同的意见，他们就会怀疑自己，从而放弃自己的想法。因此，他们永远也没有机会把自己的想法付诸实践，也没有机会获得成功。

从古到今，凡成就大事者，都具有超常的胆识。胆识与成

# 第4章
## 淡定从容，遇事沉着冷静才能成大事

功之间是怎样的关系呢？对于一个想成就一番事业的人而言，胆识是必不可少的，并且往往是起决定性作用的因素。通常情况下，有胆识的人思维敏捷，更善于抓住转瞬即逝的机会。他们不仅思路开放，敢于创新，而且是实干家，因而总是能够为自己争取更多的机会。众所周知，机会越多，就越容易获得成功。当然，虽然有胆识是成功的必要条件，但并非是成功的充要条件。即便是有胆识的人，也难免会经历失败。但和那些一遇到挫折就萎靡不振的人不同，有胆识的人不怕面对失败，他们就像野火烧不尽，春风吹又生的野草，生生不息。因此，面对成功的时候，他们淡然；面对失败的时候，他们坦然。不管什么时候看到他们，展现给人们的都是镇定自若的笑容和成竹在胸的气势。

人生就像是一场战争，每个人都在战场上，只有"勇敢"的军队才能夺取胜利。同样的道理，在人生之中，只有敢作敢为、敢想敢干的人才能掌控自己的人生，成就属于自己的事业。

## 能干大事的人，往往都能沉住气

世界上原本就没有一帆风顺的人生，每个人在生活中都难免要面对各种各样的困难。贫穷的人要解决生活的困苦，解决温饱问题；富足的人要面对内心的空虚，寻找真正的朋友；没有文凭的人要战胜自己的无知，绞尽脑汁地思考解决问题的办法；知识渊博的人也同样有很多困惑，不知道哪种才是解决问题的最优解。总而言之，面对人生百态，我们既要张扬自信，拥有勇气和百折不挠的顽强毅力，也要耐得住寂寞，能够沉下心来，使浮躁的心渐渐归于平静，这样才能有所作为，成就非凡人生。

对于个人而言，当顺风顺水的时候，我们都能够笑靥如花地生活；反之，当人生遭遇坎坷和挫折的时候，才能真正看出谁是真正的强者。中国人为人处世崇尚中庸的精神，这与"沉住气，成大器"的处世之道是不谋而合的。"沉住气，成大器"，寥寥数字充分体现了中国人特有的聪明。这是一种生存智慧，倘若能够灵活地运用它，就能够在现代社会争得一席之地，在激烈的竞争中立于不败之地。总而言之，只有沉得低，才能跳得远；只有沉住气，才能成大器。

李丽芳是一名高三的学生。上高中以来，她的学习成绩一直很好，在班级和年级都名列前茅。高三下学期的时候，李丽芳因为患病，所以不得不休学两个月，她的学习成绩也因此受到了很大的影响。在期末考试中，她的排名由年级前10名倒退到了第100名。经历了这次考试，李丽芳的自信心受到了很

## 第4章
### 淡定从容，遇事沉着冷静才能成大事

大的打击。有一段时间，她甚至失去了信心，想放弃高考。

在面对挫折和打击时，她的父亲一直鼓励她、照顾她，使她重新燃起了信心，想在最后的两个月中奋力拼搏一番。距离高考只有62天了，李丽芳每天都坚持晨练，然后再朗读半小时的英语。每天晚上，她都按时休息，养精蓄锐。她不想浪费一分钟的时间，甚至在上学放学的路上都在熟记英语单词。一个月过去了，在一次在模拟考试中，李丽芳的名次提高了60多名，变成了年级38名。这一个月的巨大进步使李丽芳受到了极大的鼓舞，她继续按照现在的方式努力学习，坚持体育锻炼，坚持不懈地复习知识。此时的李丽芳，已经完全放下了心中的芥蒂，全心全意地投入学习。在爸爸的建议之下，她决定奋力一搏，参加高考，如果考好了，当然是皆大欢喜；如果考不好，就再复读一年。

出乎大家的意料，经过了两个月的努力，李丽芳充满自信地走进考场，超常发挥，在高考中取得了前所未有的好成绩。结果，她的分数远远超出第一志愿的录取分数线，顺利地进入了心仪已久的学校。

倘若是其他的学生，在高三下学期的冲刺阶段休了两个月的病假，就很可能会失去参加高考的信心。然而，李丽芳在爸爸的鼓励下，勇敢地做出了选择，决定全力以赴地复习，参加

高考,做好了一切准备。正是因为她沉着冷静地面对自己休学两个月的事实,采取正确的方法对待高考,她才能在高考中超常发挥,如愿以偿地进入自己的理想中的大学。其实,李丽芳之所以能够在高考中取得好成绩,主要是因为她能够沉得住气,冷静地面对迫在眉睫的高考。反之,如果一个人在困难面前慌了手脚,结果就会被困难打败,也丝毫没有战胜困难的可能性。

古今中外,成大事者都会经历一番磨难,没有一个人是一步登天的。在《报任安书》中,司马迁列举了很多实例:"盖文王拘而演《周易》;仲尼厄而作《春秋》;屈原放逐,乃赋《离骚》,左丘失明,厥有《国语》;孙子膑脚,《兵法》修列;不韦迁蜀,世传《吕览》……"对于司马迁本人来说,他也是在遭遇迫害之后完成了《史记》巨著,从而彪炳史册。

宋代大文豪苏东坡曾经说过,"古之成大事者,不唯有超世之才,亦必有坚韧不拔之志。"其实,苏东坡所说的坚韧不拔之志,意思就是让人们在困难面前沉住气,勇敢地面对。沉住气并不是人们平时所说的消极对待,而是冷静理智。只有沉得住气,才能遇事不惊,保持积极进取的心态。不管是在职场中,还是在生活中,要想成功,就必须沉得住气。要知道,沉住气方能成大器。

# 第4章
## 淡定从容，遇事沉着冷静才能成大事

## 放平心态，大气的人不为难自己

在中国历史上，老子首先提出了要大气做人的观点。《道德经》第三十八章中说，"大丈夫处其厚，不居其薄；处其实，不居其华。"这句话的意思是我们要学会抱朴守拙。所谓抱朴，指的是保持自己纯真朴实的本性；所谓守拙，指的是坚守憨厚耿直的本性。所谓的"大气"指的是人的精神状态和气度格局，其中既有天生性格因素的影响，也受到修养、学识的影响。要想成就大器，就必须有坚韧不拔、锲而不舍的毅力；要想成就大器，就必须有刻苦修炼、百炼成钢的顽强意志；要想成就大器，就必须有伟大的志向和高远的目光；要想成就大器，就必须有顽强的毅力和必胜的信念。在人生的道路上，我们只有用从容的心态面对艰难险阻，才能戒骄戒躁，大气处世。

古人云："君子要忍人所不能忍，容人所不能容，处人所不能处。"从这句话中不难看出，只有具有良好的修养，才能心胸开阔，豁达为人。生活中，每个人都免不了要经历很多坎坷和挫折，只有用从容的心态坦然地应对人生，才能宠辱不惊，胜似闲庭信步。而只有达到这种境界，才能真正做到大气做人。

李杜和张跃是大学同学，毕业后一起进了一家软件公司工作，都被安排在研发部工作。在工作的头一年里，李杜和张跃

## 心量
### 可以生气，但不要越想越气

都非常勤奋认真，也经常主动要求加班，得到了同事和领导的一致认可。

一个偶然的机会，公司需要外派两名员工去国外的公司进修。这个机会很难得，不仅可以学到宝贵的知识，积累经验，还可以开阔视野。因此，研发部的同事们都想争取到这个机会。研发部的很多同事都是老员工，工作经验非常丰富，因此，公司决定派一名老员工和一名新员工，一起去国外的公司进修。公司里的新员工只有李杜和张跃，他们俩很清楚彼此已经变成了竞争对手。李杜性格比较内向，不太爱说话，总是默默地工作。相比之下，张跃则更加活泼。他不仅工作很出色，而且和同事、领导的关系都相处得非常好。因此，大家都认为张跃被外派的可能性更大。

但经过一个多月的考察，领导最终决定派李杜和另外一名老员工去国外进修。大家都百思不得其解，为什么领导没有选择乐观开朗的张跃呢？后来，大家才知道，原来领导原本已经选定了张跃，但是张跃却主动向领导推荐了李杜。因为他们是大学同学，所以张跃很清楚李杜的家境不是很好，家里的哥哥姐姐都务农，只供养了李杜这么一个大学生，也知道李杜的父母在他的身上给予了很大的期望。因此，张跃特别真诚地请求领导派李杜出去进修，而自己情愿等待其他的机会。李杜知道这件事情以后，心里非常感激张跃，他为自己能够有这样的同

## 第 4 章
### 淡定从容，遇事沉着冷静才能成大事

学和同事而万分荣幸；同时，领导也因为张跃的大气而对张悦刮目相看。在公司开设分公司的时候，领导也破格提拔张跃去分公司担任研发部主任。

毫无疑问，张跃之所以能够得到破格提升，正是因为他心胸宽广，不计较个人得失，能够为他人着想。大气的人，不仅要有开阔的心胸，而且还要有从容处世的心态，不为名利所困。想成就大事，就要做到不拘小节，在镇定从容中成就大事。

在人生的道路上，每个人都难免遇到坎坷和挫折，既然无法逃避，那么不如勇敢地面对。所谓成功与失败，其实就是一件事情的两个结果而已。挫折与失败并不可怕，关键在于我们是否有一颗淡定从容的心。倘若我们的心中波澜不惊，即使有再大的风浪，也一定能够顺利地通过。总而言之，做人一定要从容一些，大气一些，学会忘记生活中的悲伤与痛苦，微笑着重新踏上生活的征程。只有心态从容淡定，成功才会眷顾你。

## 适时后退，避免正面交锋

人活于世，难免会受到一些伤害，有些伤害是可以通过法律途径解决的，而有些伤害，是没有什么人可以替你解决的。

## 心量
### 可以生气，但不要越想越气

面对他人带给你的伤害，你是会把它滞留在心里，还是一笑而过呢？

富兰克林出生在一个世代打铁的工匠家庭，12岁的富兰克林后来流落到费城，有一个叫凯谋的人雇佣富兰克林帮他管理印刷厂。当时富兰克林已经是一个熟练工人了，他想，既然答应接受这份工作，就应该尽力做好。于是，他就每天教其他工人一些技术，甚至把自己发明出来的制作字模的方法也传授给了这些人。

过了一段时间，凯谋发现自己廉价雇佣来的工人已经基本掌握了排版印刷技术，于是就开始无缘无故找富兰克林的麻烦，无端克扣他的工资。富兰克林说："凯谋，别绕弯子了，你可以赶我走。不过你放心，我不会因为你而传授给他们错误的技术，将来你解雇他们的时候，他们凭借自己的手艺也可以很容易地找到工作。"说完，富兰克林收拾行李离开了。

富兰克林的做法是大度的，不与伤害自己的人置气，选择离开，这是一种淡定的表现。

人生需要更多的智慧，用这些智慧来解决问题。不以消灭对方或简单暴力的方式结束彼此关系，可以给自己和冲突方最大的回旋余地，何乐而不为呢？比如，对待一个无理取闹的人，

## 第4章
### 淡定从容，遇事沉着冷静才能成大事

以牙还牙就失去了身份，一笑而过、沉默不语也未必不是一种很好的还击方法，必将使之感到惭愧。

忍耐并非懦弱，而是一种淡定。俗话说：忍字头上一把刀，这把刀让你痛，也会让你痛定思痛。这把刀，可以磨平你的锐气，但也可以雕琢出你的勇气。百忍成钢，当你的心性修炼得有如镜子般明澈、流水般圆润时；当你切切实实生活在不以物喜，不以己悲的宁静中时；当你发觉胸中不断流动着"虽千万人而吾往矣"般的勇气时，历经千锤百炼，你的刀也就炼成了。

其实，我们不难发现一点，那些事业有成或者能力突出者，反而会成为人们抨击、伤害的对象。当你事业有成时，你可能不会再为日常生活中的柴米油盐和孩子的学费发愁，也不再像事业初创时期那样疲于奔命，但新的问题又来了。你可能会面临嫉妒者的诽谤，竞争者的诋毁。面对种种谣言，你该怎么做？

你绝对不能因此而生气，更不能大动肝火。如果真这样，只会越描越黑，让他人产生很多无端的猜忌，另外，你也不必因为这些空穴来风的话而大伤脑筋。其实如果能做到内心淡定，并包容这些伤害，凡事不做过多的解释，一笑置之便是最好的回击。

有一天，在拥挤喧闹的百货大楼里，一位女士愤怒地对售货员说："幸好我没有打算在你们这儿找'礼貌'，在这儿根

## 心量
### 可以生气，但不要越想越气

本找不到！"

售货员沉默了一会儿说："你可不可以让我看看你的'样品'？"

那位女士愣了一下，笑了，售货员的幽默打破了他们之间的尴尬局面。

当事情变得很严重的时候，如果我们能大度一点，笑对他人对我们的伤害，便可巧妙地避免麻烦和纠纷。如果那位售货员对于争吵也采取一种较真的态度，或者大发脾气，对大家又有什么好处呢？无非是更加激化双方的矛盾。正因为意识到这一点，这位售货员才巧妙地批评了那位女士的无礼，从而避免了争吵的发生。

其实，人生只要不存在原则上的对立，就没必要战火不休，没必要硝烟弥漫，没必要明争暗斗，更没必要老死不相往来。淡定者往往能表现出豁达包容的气度，他们更能得到别人的尊重和帮助。他们会因为谦和的姿态避免成为别人的攻击目标，他们有着更加和谐的人际关系，从而使自己的事业和家庭顺风顺水。

所以，请淡定一点吧！如果是恶意伤害的话语，你可以一笑了之，因为一定是你在某一方面做得很好，别人可能是出于嫉妒，对于这一类人你可以不用管他，继续走自己的路，过自己的生活。

## 凡事顺其自然，不必急于求成

生活中，人们常说："心急吃不了热豆腐"，指做事不要急于求成，只有踏实做事，才能水到渠成。的确，总是想着成功的人，往往很难成功；太想赢的人，往往不容易赢。欲速则不达，凡事不能急于求成。相反，以淡定的心态对之、处之、行之，以坚持恒久的姿态努力攀登，积极进取，成功的概率便会大大提升。

从前，宋国有个农民，他做事总是追求速度甚至是田间的秧苗，他也总觉得长得太慢。于是，他闲来无事时，就会到田间转悠，看看秧苗长高了没有，但似乎秧苗的长势总是令他失望。用什么办法可以让苗长得快一些呢？他思索半天，终于找到了一个他自认为很好的办法：把苗往高处拔一拔，秧苗不就能一下子长高一大截吗？他说干就干，动手把秧苗一棵一棵拔高。他从中午一直干到太阳落山，才拖着发麻的双腿回家。一进家门，他一边捶腰，一边嚷嚷："哎哟，今天可把我给累坏了！"

他儿子忙问："爹，您今天干什么重活了，怎么累成这样？"

## 心量
### 可以生气，但不要越想越气

农民洋洋自得地说："我帮田里的每棵秧苗都长高了一大截！"他儿子觉得很奇怪，拔腿就往田里跑。到田边一看，先拔的秧苗已经干枯，后拔的也叶子发蔫，耷拉下来了。

拔苗助长，愚蠢之极！每一棵植物的成长都是需要一个过程的，需要我们每天辛勤地浇灌、耕耘，才能收获成果。每一个生命的成长也如此，千万不要违背规律，急于求成，否则就是欲速则不达。

其实，不光是例子中的农民，在现实生活中，这种急功近利的人也大有人在，他们来也匆匆，去也匆匆，以至于不想等待就要直达终点。急于求成，心态浮躁，会把最简单、最熟悉的小事都办糟，何况富有挑战性的大事呢？

任何一种本领的获得、一个人生目标的达成，都不是一蹴而就的，而是需要一段艰苦历练与奋斗的过程。正所谓"梅花香自苦寒来，宝剑锋从磨砺出"，任何急功近利的做法都是愚蠢的，做任何事情都要脚踏实地，一步一个脚印才能逐步走向成功，一口永远吃不成一个胖子。急于求成只能适得其反，结果只能是功亏一篑，落得一个拔苗助长的笑话。

一位渴望成功的少年，一心想早日成名，于是拜一位剑术高人为师。他问师傅要多久才能学成，师傅答曰："十年。"

## 第4章
### 淡定从容，遇事沉着冷静才能成大事

少年又问如果他全力以赴，夜以继日要多久。师傅回答："那就要三十年。"少年还不死心，问如果拼命修炼，需要多久，师傅回答："七十年。"

少年学成并非真的要七十年，师傅之所以如此回答，是因为他看到了少年的心态。少年可谓是不惜一切想尽快成功，但没有平和的心态，势必会以失败告终。渴望成功、努力追求都没有错，但渴望一蹴而就的心态反而会使事情适得其反。

强扭的瓜不甜，强求的事难成，以淡定的心态面对，往往反而水到渠成。因为人们的主观愿望与实际生活总是有差距的，我们千万不可把自己的主观意愿强加于客观的现实中，我们应该学会随时调整主观与客观之间的差距。凡事顺其自然，确实至为重要。有些事情就是很奇怪，你越努力渴求，它越迟迟不来，让你等得心急火燎、焦头烂额的。终于，你等得不耐烦了，它却从天而降，给你个惊喜满怀。

可见，急于求成、急功近利的思想要不得，凡事都必须先深思熟虑，再做出行动。否则，只能是事倍功半，甚至是瞎忙活一场，不但没有什么效果，还会平添许多烦恼。如果我们能遵循事物的客观规律，多思考，就会获得事半功倍的效果。

孔子曰："无欲速，无见小利。欲速，则不达，见小利，则大事不成。"真正能成大事者，都有十足的定力，遇事不慌

不乱，这也是一种智慧的胸襟。人要学会用长远的眼光看问题，不仅要看到眼前的得失，更要着眼于未来。只有凡事不急于求成，才能真正有所成就。

顺其自然，不是一种消极避世的生活态度，而是站在更高层次来俯视生活。

# 第5章

## 怡然洒脱，知退能忍是明智之举

我们每个人都不可能只活在自己的世界中，每个人都要与人接触。于是，就产生了人与人之间的竞争、利益的衡量。对此，内心淡定的人会选择忍耐而不是逞一时之气。忍耐是一种承担、一种处理、一种等候，并不是逆来顺受，不是消极颓废，也不是在沉默中悄然降下信念的帆。学会忍耐，挺起坚强的脊梁，用快乐和潇洒清扫尘灰般的意志，人生不论是低迷还是高涨，都将壮美如画。

## 心量
### 可以生气，但不要越想越气

## 忍耐不是懦弱，而是智者的选择

当今社会，处处存在激烈的竞争，与对手较量，难免会产生利益冲突。此时，那些以大局为重的聪明人绝不会逞一时之勇，与对手斗气，而是要先隐忍过去，以退为进，隐藏实力，并伺机而动，厚积薄发。尤其是当自己还羽翼未丰时，更要懂得韬光养晦，这是保存实力、积蓄力量的过程。

春秋时期，晋献公因为听信谗言，杀了太子申生，又派人捉拿申生的异母兄长重耳。重耳事先知晓此消息，就逃出晋国，在外流亡十几年。后来，经过一番跋山涉水，他来到了楚国，楚成王是个有远见卓识的君王，他认为重耳日后必定大有作为。在听闻重耳来到楚国后，便以国君之礼相迎，待他如上宾。

一天，楚王设宴招待重耳，两人饮酒叙话，气氛十分融洽。

忽然楚王问重耳："你若有一天回晋国当上国君，该怎么报答我呢？"

重耳略一思索说："美女侍从、珍宝丝绸，大王您有的是。

## 第 5 章
### 怡然洒脱，知退能忍是明智之举

珍禽羽毛，象牙兽皮，更是楚地的盛产，晋国哪有什么珍奇物品献给大王呢？"

楚王说："公子过谦了，话虽然这么说，可总该对我有所表示吧？"

重耳笑笑回答道："要是托您的福，果真能回国当政的话，我愿与贵国交好。假如有一天，晋楚国之间发生战争，我一定命令军队先退避三舍（一舍等于三十里），如果还不能得到您的原谅，我再与您交战。"

四年后，重耳真的回到晋国当了国君，他是历史上有名的晋文公。晋国在他的治理下日益强大起来。

公元前633年，楚国和晋国的军队在作战时相遇。晋文公实现了他许下的诺言，下令军队后退九十里，驻扎在城濮。楚军见晋军后退，以为对方害怕了，就马上追击。晋军利用楚军骄傲轻敌的弱点，集中兵力，大破楚军，取得了城濮之战的胜利。

这就是"退避三舍"的故事，以退为进，然后诱敌深入，从而给自己留下了主动出击的后路，获得最后的成功。

懂得减速和停止，是人生的一种境界。一味追求高速度和高效益，也许并不能达到预期的目标，反而会适得其反。用了多大的冲劲，就可能招致多大的损伤。或许正是因为有了喘息的机会，才有足够的体力进行下一步的飞跃。

## 心量
### 可以生气，但不要越想越气

生活犹如爬山，你的周围是群山峰峦，有上坡就有下坡。"上坡容易下坡难"，这是众所周知的道理。上坡时，大家都会一鼓作气地向前冲，甚至中间不需要停下；但下坡时，如果你不懂得如何停止，就很可能摔得头破血流。平地亦是如此，如果你看不清楚前面的方向，就更需要适时停下，或休息调整或稳定前行。

当今社会，与人交往亦是如此。不少人争强好胜，锋芒毕露，咄咄逼人。其实用点心机，适当"示弱"，并不代表你无能，有时反而起到矛盾化解、以柔克刚的作用，取得意想不到的妙效。主动承认"无知"，多学多问，是走向成功之路的必备素质。学会了妥协，就能学会以屈求伸，以退为进，以静制动，以柔克刚，你才可能成为最后的胜利者。

以退为进，是平心静气的理智思考，有利于自己找到目标。例如，人走在沙漠中，不知往哪个方向走时，会心慌意乱，这就是为什么有些人会死在沙漠中。倘若能冷静下来，抓紧黑夜的时间，借助星辰找准方向，朝着一个方向走，就会找到生存的希望。

以退为进，不是一味忍让，而是为了实现双赢。在《将相和》的故事中，蔺相如一而再，再而三地忍让着廉颇，终于使廉颇认识到了自己的错误，使自己和廉颇都能各尽其用，使赵国繁荣昌盛。以退为进，不仅仅为自己，也为了别人。

# 第5章
## 怡然洒脱，知退能忍是明智之举

进，是我们每个人都追求的目标；退，则是为了更好地进。进退之间，方显智慧。

"退让"并不等于怠惰、麻木、迂腐和世俗，毫无忧患意识和危机感；退让是自我意识的校正，自我心态的调整，是退一步海阔天空的气度，退让是绝处重生后的喜悦。退让是一种战术，也是战略，更是成大事的智慧。

不过，我们也不可能事事退让，妥协要看具体情况，要注意你的目标所在。为了达到目标，可以在小事上做适当的让步。这种妥协并不是完全的放弃原则，而是以退为进，以屈求伸。要有长远的眼光，以最终目标为根本动力，在适当的时候妥协，才会离我们的目标更近！

## 以达观的心态，包容现实的残酷

岁月漫漫，人生却是苦短的，我们走过多少个春秋，有时候会突然发现自己的生活如此普通。所有的日出日落，寒来暑往，一切的欢笑和泪水如戏剧，一幕幕地上演着。面对人生，我们觉得自己很渺小，渺小得像一束远方的微光；渺小得像漫天飞舞的蒲公英，随风飘扬；渺小得像一粒沙，被人忽视。为此，我们惆怅，我们感叹。其实，我们不必悲叹，因为生活本来就是这样,现实本来就是残酷的,我们本来也就是如此渺小。但渺小绝不是人生之光的黯淡,也不是生命之火的熄灭,更不是超然物外的冷漠。

生活给予我们挫折,我们要用冷静的心态面对,用达观之心去包容现实的残酷,然后勇敢地接受挫折给予我们的挑战。白云为每一个平凡变幻多姿;彩霞为每一个平凡增添亮色;繁星为每一个平凡星光闪耀;蝴蝶为每一个平凡翩翩起舞;小鸟为每一个平凡引吭高歌。我们是平凡的,渺小的,但正是无数个平凡的日子组成了我们绚丽多彩的一生,正是平凡的日子组成了灿烂的世界,而这就是生活。

现实生活中,总有人一味沉溺在已经发生的事情中,不停地抱怨,不断地自责。这样一来,就会将自己的心境弄得越来越糟。这种对已经发生的且无法弥补的事情不断抱怨和后悔的人,注定会活在迷离混沌的状态中,看不见前面明朗的人生。他们之所以这样,是因为经历的磨炼太少。正如俗语说的那样:天不晴是因为雨没下透,下透了,也就晴了。


富兰克林·德拉诺·罗斯福总统39岁时,一场高烧使他患上了小儿麻痹症。这突如其来的灾难差点把他打垮,开始他不肯接受这一残酷而不容改变的事实,不断做着毫无方向的努力,结果带给他的是一个又一个无眠的夜晚。终于在经过一段

## 第5章
### 怡然洒脱，知退能忍是明智之举

时间的自我斗争后，他被迫地接受了现实，并开始以顽强和乐观的态度适应它。他下肢瘫痪，并从此终生与支架或轮椅相伴，他把这飞来的横祸当成早已预定的命运之约。生理上的残疾没有使他性格乖戾和愤世，反而在此后生命中的各个时段里，他以乐观和坚强赢得了他人的肯定。

的确，尘世之间变数太多。事情一旦发生，就绝非一个人的心境所能改变。伤神无济于事，郁闷无济于事，一门心思朝着目标走，才是最好的选择。如果跌倒了就不敢爬起来，就不敢继续向前走，或者决定放弃，那么你将永远止步不前。

放下悲伤，接受现实，才能重新起航。朋友，别以为胜利的光芒离你很遥远，当你揭开悲伤的黑幕，你会发现一轮火红的太阳正冲着你微笑。请用一秒钟忘记烦恼，用一分钟享受阳光，用一小时大声歌唱，然后，用微笑去谱写人生最美的乐章。

从处世和处事的态度来说，达观与包容有一定的区别：包容是主动为之，而达观是被动为之，有随遇而安之意。同时，产生这两种不同心态的环境也有所不同："达观"多半产生在人生低谷时，或情感不顺，或仕途失意之时。包容多是产生在人生高潮，虽然是人生得意，但却能做到"宰相肚里能撑船"。

虽然这两者产生于不同的环境，也是不同的心理状态，但却有极为明显的相同点。持这两种心态的人应对环境的态度都是积极的，低谷时不会一蹶不振，高潮时不会得意忘形。只有正确处理好和环境的关系，才能对自己、对他人、对社会产生积极的作用，才能达到和谐进步。

由此看来，很多情况下，一个人的处世态度，也可以说是人生观、价值观，直接影响着他的人生经历和人生体验。即使是出生背景一模一样的两个人，如果人生态度不同，人生历程也将会迥然不同。同样，固然人生命运多变，但只要有积极向上的处世态度，就能享受成功的快乐，品味生活的乐趣。范仲淹也说："不以物喜，不以己悲。居庙堂之高则忧其民，处江湖之远则忧其君。是进亦忧，退亦忧。然则何时而乐耶？其必曰'先天下之忧而忧，后天下之乐而乐'乎！噫！微斯人，吾谁与归？"

心灵不仅体现出一个人的智慧，更决定一个人的生活、命运和价值的取向。心态是我们成功的关键，生活中每一个成功者无不是心态的主人。良好的心态对于我们的成功具有决定性的作用，不管我们做什么，我们首先应该学会保持良好的心态。人的心态决定着一个人的生活是幸福还是不幸，是快乐还是忧伤，是成功还是失败。决定人心态的是人的理想、世界观、人生观、价值观。正确的人生观，就是要胸怀宽广，执着进取，挑战自我，不屈命运，坚信自己，积极思考。

## 第5章
### 怡然洒脱，知退能忍是明智之举

## 暂时的后退，是为了以后的前进

俗话说："忍一时，风平浪静；退一步，海阔天空。"这是一种包容忍耐的气度，而不是胆小怯懦的退缩。有句老话说得好："吃亏人常在，能忍者自安。"所谓忍，不是忍气吞声，而是一种大度；退，不是惧怕而退，而是谦让宽容。退一步，不是怯懦、退缩、屈服与逃避；退一步，是忍耐、坚韧、大度的胸怀。

那些做事爱较真的人，在人际交往中，总是吃不开。这就再次证明，"难得糊涂"确实是一剂人生"良药"。小则使自己免受伤害，大则能助自己飞黄腾达。正因为如此，"难得糊涂"已经深入到许多成功者、或希望成功的人的内心，真的成了人生的信条。

美国第三任总统杰斐逊与第二任总统亚当斯从交恶到宽恕，也是这个道理的显现。

杰斐逊曾是美国总统，在他就职前夕，他来到白宫，目的是想表明自己的立场，想告诉亚当斯：他希望针锋相对的竞选活动不要破坏他们之间的友谊。

然而，就在杰斐逊准备开口前，亚当斯居然暴跳如雷，说："是你把我赶走的！是你把我赶走的！"之后好多年，他们二

## 心量
### 可以生气，但不要越想越气

人都没有来往。

后来一次，杰斐逊的几个邻居去探访亚当斯，这个坚强的老人仍在诉说那件往事。但接着脱口说出："我一直都喜欢杰斐逊，现在也仍然喜欢他。"邻居把这话传给了杰斐逊，杰斐逊便请了一个彼此皆熟悉的朋友传话，让亚当斯也知道他对这段友情的重视。后来，亚当斯回了一封信给他，两人从此开始了书信往来。

这个例子告诉那些还在为鸡毛蒜皮的小事而与朋友老死不相往来的人，那些为了一些不值一提的小事与人大打出手的人，懂得退让是一种多么可贵的品德。我们要以宽容的心态对人，宽容是解除误会和不快的最佳良药，宽阔的胸怀能使你赢得朋友，能让你和那些伤害你的人化干戈为玉帛。宽容代表了理解，它是一扇心灵的大门，把心放宽一点，门就不会狭窄了。受到伤害，心中不快乃人之常情，但唯有以德报怨，唯有容人之过，才能赢得一个温馨的世界。释迦牟尼说："以恨对恨，恨永远存在；以爱对恨，恨自然消失。"

古时候，有两个人，分别叫王黎和陈昆，他们是邻居，祖祖辈辈都是相交甚好的邻居。一天夜里，王黎偷偷地将隔开两家的竹篱笆向陈昆家移了一点，以便让自己的院子更宽一点，

## 第5章
### 怡然洒脱，知退能忍是明智之举

恰好被陈昆看到了。王黎走后，陈昆不但没有追上去大骂一顿，反倒将篱笆又往自己这边移了一丈，使王黎的院子更宽敞了。王黎发现后，很是愧疚，不但返还了侵占陈家的地方，而且还将篱笆往自己这边移了一丈。

陈昆的主动吃亏，让王黎感到内疚，他觉得自己是在"以小人之心度君子之腹"，这就欠下了陈昆的一个人情。即使他还了这个人情，但每当他想起时，他还是会内疚，还是会想法报答陈昆。

这个故事中，陈昆在看到邻居王黎的行为后，不但没有抓住机会"讨回公道"，反倒给对方更大的空间，表面上是陈昆吃了点小亏，但实际上因为他愿意吃亏，反而赢得了王黎的友谊和尊重。

说起来简单，但现实中又有几人能付诸行动呢？在别人不小心触犯到你的利益时，一句"我不介意"大可以一笑了之；在别人犯了无心之过时，你也可以说一句"没关系"；在与别人的观点发生分歧时，说一句"这没什么。"这寥寥数语虽然人人会说，可又有多少人能将它深植在心中？世间有多少人为公车上的磕磕碰碰争得面红耳赤？多少人为生意场上的蝇头小利争得你死我活？多少人为了学术上的不同观点弃斯文于不顾？在那些时刻，这些人有没有想到"退一步海阔天空"的道

095

## 心量
### 可以生气，但不要越想越气

理呢？我们的世界五彩缤纷，每个人都是一个独立的个体，任何人都不能将自己的思想、行为强加于人，而我们又必须在同一片天空下生活，人类要和谐共处就必须要学会宽容，如那尊弥陀寺的大佛，展开胸襟，绽放笑脸，接纳天下事，心灵便比大地更厚重，比天空更广阔。

那么，我们该如何做到退一步呢？这就需要我们站在他人的角度来思考问题，或者多想想这件事情所带来的好处，凡事都有它的两面性。

其实，生活中有很多事都是我们无法掌控的。大家都想占便宜，可哪里有那么多的便宜可以让人来占呢？保持一颗平常心，吃得起亏，也许真的能成为人生的一大幸事。在现代的人际交往中，我们也要学会忍耐和包容，自己吃点亏，也是一个很好的交际方法，这会让我们在对方眼里变得豁达、宽厚，让我们获得更深的友谊，当你需要帮助的时候会使对方更心甘情愿地帮助我们。

## 争强好胜，不过是与自己过不去

中国人常说：人比人气死人。话糙理不糙，确实是这样。我们每个人都在过自己的生活，没必要拿自己与别人对比。人

## 第5章 怡然洒脱，知退能忍是明智之举

与人不同，其优点、能力、长处也各不相同，争强好胜有时候就是在刻意给自己制造压力，这是对自身的一种折磨。然而，在当今社会，我们发现每个角落似乎都充斥着竞争的紧张气氛，人们比吃、比穿、比排场。相比之后，优胜者就会有一种优越感，会得意洋洋、傲气十足；而失败者则会有一种羞耻感，在众人面前抬不起头来，这样无疑就加重了自己的心理负担。

因此，如果我们希望自己能快乐起来，不妨选择一种怡然自得的心态，不与人争强好胜，换来的就是心灵的洒脱。晋代陶渊明，虽然贫困一生，但却真正做到了与人无争，怡然自得。

公元405年秋天，为了养家糊口，陶渊明不得不来到离家不远的彭泽县当县令。

这年冬天，他得知，有一位官位高于他的官员要来彭泽县视察，此人极为傲慢，还未到彭泽县地界，就派人吩咐县令前去拜见他。

陶渊明虽然心里很看不惯这样的官员，但也不得不马上动身。但谁知出门前，他的师爷却拦住他说："参见这位官员要十分注意礼节，衣服要穿得整齐，态度要谦恭，不然的话，他会在上级官员面前说你的坏话。"此时，陶渊明再也忍不住了，他长叹一声说："我宁肯饿死，也不能因为五斗米的官饷，向这样的人折腰。"他马上写了一封辞职信，辞去了只当了八十

## 心量
### 可以生气，但不要越想越气

多天的县令职位，从此再也没有做过官。

这就是一种气度，一种追求真实自我的洒脱！生命只有一次，而且时间是有限的，只有短短的几十年而已。所以，每个人都应该珍惜自己的生命，在有限的时间里不要让自己陷入争斗的漩涡，要让自己过得快乐一点。人活一世，快乐是人生最大的财富。再奢侈的物质，都不能弥补精神世界的空虚所带来的遗憾。

然而，现代社会中，人们每天都要承受来自各方面的压力，这种压力一旦集聚起来，就超过了人们的承受范围，最终把我们压垮。而要避免这一情况的发生，我们就决不能自不量力，争强好胜。如果我们注重内心世界的感受，或许我们能弱化争强好胜的心。

街头有一名男子，弹着吉他，为过路的人弹唱。有一个姑娘路过，很吃惊，问这男子："你这么年轻，为什么在街头卖唱？这样也赚不了多少钱。"这男子很吃惊，说道："我觉得这样很好呀！这样能给大家带来幸福！我每天过得很充实，不觉得低贱。难道金钱就可以用来衡量幸福吗？"

从这件事可以看出，人生的价值不是用金钱与物质衡量的，

## 第 5 章
### 怡然洒脱，知退能忍是明智之举

幸福不是金钱带来的。只有放下对物质的追求，注重精神世界的充实，人们才能真正活出自我，才会得到真正的幸福！然而，爱虚荣、要面子的心理焦虑具有一定的普遍性，要调整这种心理状态，就应该客观地认识自己、不因面子而让自己做一些本就办不成的事情，不要对自己提出超出实际的期望。

争强好胜，表面上看起来是益与福，其实却是损与祸；谦虚忍让，表面上看起来是损与祸，其实却是益与福。在处理人际关系时应遵循的基本原则是：谦虚忍让，和以待人。

当然，现代社会中的人们，不可能和陶渊明一样，完全做到"隐于市"，但至少我们可以用正确的心态对待竞争。良性的竞争有助于自我鞭策与激励，进而充实内在；而恶性的竞争却会使人们陷入不达目的誓不罢休的漩涡，让自己更加空虚。诚然，我们少不了竞争对手，但我们绝不可对其恶语相加，甚至打击对手。实际上，人们在被对手贬低的时候，都会有一种反击的心理。某种程度上讲，你的打击可能是使对方努力的动力。

诚然，每个人都应该具备超越自己、超越别人的勇气与心志，但积极归积极、进步归进步，每个人都应拿捏好分寸。只有切合实际的超越和对比，才会使自己不断进步，才能使自己受益多多，才会让生活充满活力！

## 心量
### 可以生气，但不要越想越气

## 选择忍让，让你赢得人心

古往今来，人们都强调竞争的重要性，敢于争取、勇于竞争，才能为自己赢得一席之地。尤其是在当前的社会转型期，市场经济条件下，竞争无处不在，竞争结果往往与人们的生活质量息息相关。因而，人们再也不能固守着自己的一片天地高枕无忧了。但我们还应该看到，一味地竞争，会给人际交往带来重重障碍。如果我们能做到"淡泊名利"，不与人争抢，并加强合作，进而弱化竞争，就会给双方带来安全感。也只有这样，人们才愿意与你结交，才愿意和你一同工作。这是优化交际环境，提高交际质量的根本策略。

老子说："不自见，故明；不自是，故彰；不自伐，故有功；不自矜，故长；夫唯不争，故天下莫能与之争。"不与人争抢，这是一种大智慧。正像"水"一样，利万物而不争，以其善下之，故能成其大；以其性柔弱，攻克天下之至坚。生活中，我们常能看到一种现象，有些人争强好胜，却常常事与愿违；有些人不争不抢，反而常常坐享其成。这正应了人们常说的一句话："有心栽花花不开；无意插柳柳成荫。"《菜根谭》中"烦恼皆因强出头"和心理学上讲的所谓"性格悲剧"不正是这个道理吗？不与人争又是一种大境界。"不争"其本身就是一种与人为善，就是对他人的一种宽容。"退一步""让一时"能减少多少争执，

## 第5章
### 怡然洒脱，知退能忍是明智之举

省去多少烦恼，甚至避免多少灾难！

清康熙年间，在海宁有个学富五车的人，却孤傲自大，不肯为朝廷所用，让康熙费尽心机。最后，这个人终于答应进京面见天子。

那么，该由谁去接他呢？康熙又开始犯愁了，因为此人不仅富有学问，语言表达能力也让人惊叹，他有说不完的话。此次迎接活动，连铁齿铜牙的纪晓岚都推辞了，他觉得自己不能胜任，自知不是此人的对手，康熙便非常为难。

还是宰相说了一个人选，皇帝很满意。

宰相推荐的这个人是谁呢？原来是一个听力有障碍的人，一个大字不识几个的武官，长相倒是很儒雅。倘若你骂他，他就装着听不见；你表扬他，他比谁都听得清楚。

于是，这位武官出发了。接到海宁人以后，海宁人谈天说地，卖弄本事，倒真是个上知天文、下通地理之人，说话即是吟诗，开口就是学问。而这个武官马步站桩，坐在船头，不时地"唔唔嗯嗯"。任凭你口吐莲花，口燥唇干，他只是捻须微笑，一个字也不发。

这海宁人开始还饶有兴趣，谈古论今，闹腾到后来，觉得索然无味。直至上了岸，到了京城，像霜打了的茄子，恹恹的提不起半点精气神。他始终没弄明白康熙派来的接船人到底是

## 心量
### 可以生气，但不要越想越气

有多大学问。

这只是一个故事，但其中却蕴含着一个很大的哲理。现实中，我们通常会见到某些人为了一些小事而争论不休，最后不搞个面红耳赤誓不罢休。人之患在好为人师，与人交往，退后一步，反而更有利于前进，正验证了"无欲则刚，有容乃大"这个道理。

成大事者，不会是小气的人；成气候的商人，也绝对不是目光短浅，斤斤计较的人。因为他们懂得，暂时的谦让也许会带来更多的机会和收益。

与人交往，凡事争第一，很容易成为众矢之的；而只有做到低调行事、懂得隐藏自己，即使吃点亏，你也赢得了人心，那么你自然就是别人眼中的"好人"，拥有了好人缘，荣誉和信任必将接踵而至。

# 第6章 心态放平，让一切顺其自然

一句古话曾说：宠辱不惊，闲看庭前花开花落；去留无意，漫随天外云卷云舒。寥寥数语，却深刻道出了人生对事对物、对名对利应有的态度：得之不喜，失之不忧，宠辱不惊，去留无意。现代社会中的我们，也应该拥有这样一份饱经世事的心态，才可能心境平和、淡泊自然。只有做到了宠辱不惊，方能心态平和，恬然自得；只有做到了去留无意，方能达观进取，笑看人生！

### 心量
可以生气，但不要越想越气

## 不以物喜，不以己悲

生活中，世事难料，因为任何事情都有一个变化发展的过程，一时的不如意并不代表一生不幸，此时的满面春风并不代表你一生顺利。人生充满得失，虽然我们不能掌握变化无常的世事，但可以掌控自己的心态。"不以物喜，不以己悲"这种淡定通达的心态，正是现代人所应追求的。正如《老子》五十八章中描述："祸兮，福之所倚，福兮，祸之所伏。孰知其极？其无正也。正复为奇，善复为妖。人之迷，其日固久。"无论遇到什么事，都不执迷于单向度的追求，而是要了解相依转换的道理，然后调整心态，走上自立自足的生活。祸福本身就是可以互相转换的，因此，不管你现在得到了什么，或者是失去了什么，都不要纠结于一时，心态是自己选择的，祸会转化为福，福也会转化为祸，何不敞开心扉，坦然面对呢？

从前，在中国的边塞，有个智者，大家都叫他塞翁。

有一天，塞翁的马从马厩逃出去了，并跑到了胡人境内，

## 第6章
### 心态放平，让一切顺其自然

很明显，这匹马归别人了。邻居们纷纷过来，向塞翁表达遗憾之情，但塞翁一点都不难过，反而笑笑说："我的马虽然走失了，但说不定是件好事呢。"

又过了几个月，这匹马居然自己跑了回来，而且还带来了一匹胡地的骏马，这不是意外之财吗？大家都过来向他道贺，塞翁反而皱起眉头对大家说："白白得来这匹骏马，恐怕不是什么好事！"

塞翁有个儿子很喜欢骑马，有一天，他心血来潮，要骑这匹"外来马"，结果一不小心从马背上摔了下来，跌断了腿。邻居们知道了这次意外又赶来塞翁家慰问塞翁，劝他不要太伤心。没想到塞翁并不怎么太难过，反而淡然地对大家说："我的儿子虽然摔断了腿，但是说不定是件好事呢！"

儿子摔断了腿，塞翁居然觉得是好事，邻居每个人都觉得莫名其妙，他们认为塞翁肯定是伤心过头，脑筋都糊涂了。过了不久，胡人大举入侵，所有的青年男子都调去当兵，但胡人非常剽悍，所以大部分的年轻男子都战死沙场。塞翁的儿子因为摔断了腿不用当兵，反而因此保全了性命，这个时候邻居们才体悟到当初塞翁所说的那些话里隐含的大智慧。

塞翁的确是个有智慧的老人，他懂得"福祸相倚"的道理，因此他既不以福喜，也不以祸忧。这个故事在民间流传了几百

## 心量
### 可以生气，但不要越想越气

年，成为人们经常用来规劝他人的一个成语，比喻虽然一时受到损失，也许反而因此能得到好处，也指坏事在一定条件下可变为好事。但在生活中，我们是否能做到既不以福喜，也不以祸忧呢？答案是否定的。人都是情绪化的，一些人一遇到悲伤之事，便萎靡不振。而在竞争中获胜，便高兴不已，甚至得意忘形。显然，大喜大悲都不是一种好的处事心态。

因此，无论得失，我们都要调整自己的心态，要超越时间和空间去观察问题，要考虑到事物有可能出现的极端变化。这样，无论福事变祸事，还是祸事变福事，都有足够的心理承受能力来应对。

放下人生路途中得失成败的压力，需要我们保持一颗平常心，对"花花绿绿""流光溢彩"不生非分之心，不做越轨之事，不做虚幻之梦。面对外界种种变化与诱惑，依旧保持一颗平常心，不轻易为之所动。荣辱不惊，去留淡然，白天知足常乐，夜晚睡眠安宁，走路步步稳健。总之，拥有一颗平常的心，能让我们拿捏好尺寸，把握住幸福。

总之，人生之路，不会总是阳光灿烂，不会总是枝繁叶茂，不会总是掌声不断，会有阻挡在前方的高山和荒凉的沙漠，也会有阴天时的迷雾重重，当然也会有他人的冷落。只有拥有平淡的真实，才会真正懂得品味人生，享受人生，才会拥有自我，心存淡泊。拥有平淡，那才是人生的至高境界，才会得到坦坦荡荡，自自然然的快乐。

## 坦荡为人，心底无私天地宽

中国人自古把人分成两类：一君子，一小人。二者泾渭分明，难以混同。君子与小人有很多的划分标准，但在人们的眼中，是否正直、坦荡则是最重要的标准之一。当一个正直坦荡，对人尊敬有加的君子，是做人的最高境界。的确，做人要正直、做事要正派，堂堂正正，才是立身之本、处世之基。身正不怕影子斜，脚正不怕鞋歪。品行端正，做人才有底气，做事才会硬气，心底无私天地宽，表里如一，胸襟宽广。心术不正、口是心非，用心计，耍手腕，当面一套，背后一套，台上说君子言，台下行小人事，必将惨淡收场。所以，做人一定要走得直，行得正，坐得端，一定要问问自己是否正直、公道。

在几千年的文明历史进程中，我们的先哲们在谈到正直为人时留下了许许多多的至理名言，给我们树立了做人的典范。孔子讲："君子坦荡荡，小人长戚戚"；莎士比亚说："世上没有比正直更丰富的遗产"；普柏说："正直的人是神创造的最高尚的作品"。我国唐代的魏征以正直谏言而被君王称为自己的一面镜子；开国元帅彭德怀不畏名利、顶着危险敢上万言书；共产党员张志新抱定信念宁死不屈；科学家李四光不服定论，硬是在北纬四十度以上找到大庆油田，为新中国建设立下赫赫功勋。因此，做一个正直的人不仅是个人发展的需要，更是社会进步的呼唤。

在正直的人心中，似乎有一种内在的平静，使他们能够经受住挫折，甚至是不公平的待遇。

亚伯拉罕·林肯曾参加1858年参议院竞选活动，他坚持要发表一次演讲，但这次演讲却对他的竞选有负面作用，为此，他的朋友劝他不要发表演讲。对此，林肯的态度是："如果命里注定我会因为这次讲话而落选的话，那么就让我伴随着真理落选吧！"他是坦然的。他确实落了选，但是两年之后，他就任了美国的总统。

这就是正直的力量，它能给人带来心怀的坦荡，赢得他人的信任和尊重。

那么，什么是正直呢？所谓"正"就是正确、公正、正气，就是不偏不斜、不虚伪、不轻狂，就是光明磊落。从汉字"正"上下左右笔画的工整写法，我们可以看出祖先对正的理解和判断。所谓"直"就是豁达、坦率、真实，就是直来直去、不弯不绕，不随波逐流。正直在汉语里是重叠词，两个字表达同一个意思。

但从人品的生成和实践来看，二者是有逻辑关系的。先有"正"才能"直"，只有正才不怕邪；没有正确、公正的"直"，只能叫作鲁莽、傻直。

我们生活的周围，有这样一些人：他们饱经世事，但并没有因此变得圆滑、世俗，而是依旧秉持着正直坦荡的做人原则。

当然，生活中的诱惑太多，我们要做到正直、坦荡，就必须要做到以下几方面。

1. 高标准地要求自己

许多年前，一位作家因为投资失误，损失了一大笔财产而陷入了经济困难之中。为此，他决定用以后赚取的每一分钱来还债。即使有人想用募捐的方式来帮助他，他也拒绝了别人的好意帮助。他把这些钱退还给了捐助人。经过长期的努力，他终于偿付了所有剩余的债务。这位作家就是马克·吐温。

2. 有高度的名誉感

伟大的弗兰克·劳埃德·赖特曾在美国建筑学院发表演说时说："什么是人的名誉呢？那就是要做一个正直的人。"弗兰克·劳埃特·赖特正如他所说，是一个忠实于自己做人标准的人。

3. 道德至上，遵从自己的良知

马丁·路德金被判死刑时，对他的敌人说："去做任何违背良知的事，既谈不上安全稳妥，也谈不上谨慎明智。我坚持

心量
可以生气，但不要越想越气

自己的立场，我不能做其他的选择。"

可见，正直是人类的一种优秀品质，也是人类社会对个体性格的一种理想追求。正直同公正、善良、智慧、勇敢、诚实等高尚品德一样，一直受到赞赏和褒扬，并且成为当代社会思想道德建设的核心。

## 失败又如何，大不了从头再来

生活中，几乎每一个人都期望一帆风顺。许多人都说：前进的路上，即使没有莺歌燕舞，没有众人的掌声，最好也不要有风雨和挫折。然而，人生就是一本包含着酸甜苦辣的词典。人活尘世，既有宽敞的阳关道，也有狭窄的独木桥；既有暖人的幸福，也有恼人的苦难。生活中需要承受的太多，尤其是在追逐人生目标的过程中，更是免不了失败。苦难来临时，也许你会无比惶恐，也许你会绝望，想到过放弃，想到过破罐破摔、得过且过。

其实，我们的一生正是因为磨难的出现才变得更加精彩。百无聊赖的人生，感受不到成功的喜悦，最终得到的是冰冷的失落。不曾遭遇过失意和痛苦、欢乐和幸福，人生只能是肤浅的、脆弱的；经历磨难，若不能泰然处之，也就永远不会真正地实

## 第6章
### 心态放平，让一切顺其自然

现辉煌的人生。因此，我们应该学会接受人生的磨难和挑战。如果我们困于这种"不如意"之中，终日惴惴不安，生活就会索然无味。反之，如果我们能以平和的心态面对，把那些磨难当成人生中的小插曲，那么，灿烂的主旋律必定会为你弹奏。

古人说："哀莫大于心死。"一个人最可怕的莫过于心存放弃。意志的死亡比起肉体的死亡更为可怕。而唯有激励自我，方可焕发青春，扬起生命的希望之帆。

从前，有一个农夫，靠驴拉货为生，有头驴跟了他十几年，已经年迈。一天，在运货过程中，这头驴不小心掉进了一个枯井里，农夫想尽办法救驴出来，但都无济于事。最后，农夫不得不放弃，觉得自己没必要大费周折地去救这头年迈的驴子。农夫便打算用泥土埋了这头驴，免除它的痛苦。

那位农夫叫邻居来帮忙，他们就用铁铲挖起泥土扔进枯井里。这头驴似乎很聪明，它意识到了厄运的降临，便没再发出那凄惨的叫声，而是把那些将要埋葬它的泥土用身体抖落，然后踩在泥土上。

这样，人们挖土扔在它的身上，它就把泥土抖落踩在脚下，很快，驴子的身体一点点地靠近了井口终于爬了出来，人们都惊讶地注视着这头驴子。

## 心量
### 可以生气，但不要越想越气

在这个寓言故事中，如果那头驴听从命运的安排，它可能已经被活埋了，但是它却聪明地用智慧逃离了厄运。

人的一生难免会遇到一些困难，正如那句名言所说："面对困难，把它举在头上，它就是负担，但如果把它踩在脚下，它就是垫脚石。"

其实，在生活中，那些我们遇到的困难和挫折就好比压在人们身上的"泥土"。我们只要以锲而不舍的精神将它抖落掉，然后站上去，"泥土"就变成了成功道路上的垫脚石。"艰难困苦，玉汝于成"。困难可以练就人的本领，提高人的才干，磨炼人的耐性及承受能力。只要你能坚持不懈，困难自会低头，成为磨炼我们坚强性格的磨刀石。

巴尔扎克曾说："挫折和不幸，是天才的进身之阶；信徒的洗礼之水；能人的无价之宝；弱者的无底深渊。"所以说，没有经历过失败的人生不是完整的人生，敢于把困难踩在脚下的人才是真正的英雄，成功终将属于他们。

面对失败，你必须要选择你的态度：是消极被动地害怕和逃避，还是积极主动地面对和接受？若我们存有消极的态度，你将被局面控制；如果你积极主动，则能反过来控制局面。如果你希望能够通过自己的努力使自己的力量一点点变得强大起来，同时让自己变得更完美，就必须选择积极主动的态度，逆境这朵"浮云"自然会被你驱赶出心灵的天空。

说到底，决定心态的是人的理想、人生观、世界观。一个成大器的人具有远大的目标，正确的人生观，宽广的胸怀，执着进取的心，挑战自我的勇气，不屈命运的韧性，坚信自己。因而，我们一定要保持良好的心态，即使生活给予我们挫折，我们也要怀着理解的心态还它一个微笑！

## 低调做人，放平自己的心态

中国有句俗语："低调做人，高调做事"，其中的"低调做人"就是一种心态淡然的体现。

美国曾有位总统，为了庆祝自己连任，他曾向全国开放白宫。这天，他接见了前来参观白宫的一百多位小朋友。

一位叫约翰的小朋友问："你小时候哪一门功课最糟糕，是不是也挨过老师的批评？"

"我的品德课不怎么好，因为我特别爱讲话，常常干扰别人学习。老师当然要经常批评的。"总统告诉他说。

总统的回答使现场气氛非常活跃。

约翰问完后，一个叫玛丽的小女孩说："我每天都不愿意去上学，因为我怕在路上遇到坏人。"

## 心量
### 可以生气，但不要越想越气

此时，总统收起笑容，严肃地说："我知道现在小朋友过的日子不是特别如意。现在的社会中依然存在一些问题，但我希望你好好学习，将来有机会参与到国家的正义事业之中。只有我们联合起来和坏人作斗争，我们的生活才会更美好。"

总统告诉小朋友们，自己的过去和他们一样，也常被老师批评，但只要经过自己的努力，就会成长为有用的人。总统在认同小朋友对社会治安的担心时，还鼓励小朋友参与到正义事业中，因为那样正义者的力量会更大。

总统放低姿态的谈话方式使小朋友们发现，总统和他们之间没有任何距离，也像他们一样是普通人，是可亲近的、可信赖的"大朋友"，从而紧紧抓住了小朋友们的心。场外的大人们看到这样的对话场面，也会感到总统是一个亲切的人。

相反，我们的周围，总是有一些人，他们确有实才，却不懂得为人处世之道，让人觉得狂妄自大，因此别人很难接受他的任何观点和建议。他们多半都想表现自己，显示自己的优越感，但却常常适得其反。妄自尊大，高看自己，小看别人的人总会引起别人的反感，最终在交往中使自己走到孤立无援的境况，失掉了在朋友中的威信；而那些谦让而豁达的人总能赢得更多的朋友。

从前，有个很出名的画家。一天他闲来无事，和弟子一起

## 第 6 章
### 心态放平，让一切顺其自然

去画廊看画。看到有客人来，画廊一位漂亮的讲解员便出来接待。他们一路看，讲解员都紧随其后，为其介绍。

这时，画家在一幅画面前停了下来，他开始细细地读画上题的诗句。但这幅画上的诗句是用草书写的，画家读到一处，便停下了，皱着眉琢磨一个分辨不出的字。就在这时候，那个画廊的讲解员开口了："您看不出来啊！这是意思的意。"只见画家脸色一沉，扭头转身，一言不发地走出了画廊。

讲解员的错误之处在于急着表现自己，让画家没面子，因为爱出头而遭人记恨。

在这个错综复杂、五彩缤纷的世界中，不同的人有不同的命运，有的人一生乐观豁达、与世无争，他们谦虚好学，平步青云，一路欢乐，让人赞扬和钦佩；有的人则骄傲自满、处处受阻，最终导致郁郁寡欢，碌碌无为，抱恨终生，遭人非议鄙视。很明显，我们都愿意做前者。其实，这两种人生境遇的差异，究其原因，是因为做人"调"的不同，低调做人是一种生存的大智慧，是一种韧性的技巧，是做人的一种美德。

心量
可以生气，但不要越想越气

## 热爱生活，将热情传达给他人

有人说，生命就像一次旅行。在这段旅行中，我们会遇到艰难险阻，会遇到暴风骤雨，会遇到阳光灿烂，会邂逅美丽风景，会遭遇荆棘丛生。但无论如何，只要我们和自己的心灵有约，就会以全身心拥抱生命，即使饱经风霜，我们依然会对生命充满热情，感悟生命中的点点滴滴，更要感受到生命之旅中，那些沉重的雨点扑向大地时所带来的震撼和激情。的确，夕阳落下了还有明天；鲜花落下了还有果实；青春落下了还有阅历。只要你会驾驶，帆落了还有桨；只要心中充满希望，月亮落下了，还会升起太阳。

对生活充满热情，我们的旅途就会时时处处生长着绿意和生机，我们的生命就会有无与伦比的美丽。

有这样一个年轻人，他认为自己已经看破红尘，于是，他什么都不干，每天只是懒洋洋地躺在树底下。

有一个智者见到此景，想开导他，于是就问他："年轻人，你年纪轻轻的，怎么不去工作赚钱？"

年轻人说："没意思，赚了钱还是要花掉。"

智者又问："你怎么不结婚？"

年轻人说："没意思，现在多少离婚的！"

## 第6章
心态放平,让一切顺其自然

智者说:"你怎么不交一些朋友?"

年轻人说:"没意思,交了朋友弄不好会反目成仇。"

智者给年轻人一根绳子说:"那这样吧,你干脆用它了结生命吧,反正也得死,还不如现在死了算了。"

年轻人说:"我不想死。"

智者于是说:"生命是一个过程,不是一个结果。"听了这句话,年轻人幡然醒悟。

一个年纪轻轻的人,内心却变得萎靡不振,什么都不愿尝试,对生活失去热情,这样的生命还有什么意义呢?安诺德曾说:"世界上最糟糕的事,莫过于丧失了自己的热情。只要仍保有热情,即使失去了一切,他仍旧能够东山再起。"热情的原意是"身在其中",我们原本都拥有它,而我们应该做的,便是使它重燃再现。

生命是一个过程,不是一个结果,如果你不会享受过程,结果也没有任何意义。生命是一个括号,左边括号是出生,右边括号是死亡,我们要做的事情就是填括号,要争取用精彩的生活、良好的心情把括号填满。

怎么享受生命这个过程呢?把注意力放在积极的事情上。生命如同一场旅行,记忆如同摄像,态度决定选择,选择决定内容。

因此,每天清晨,当我们起床后,都应该给予自己积极的

## 心量
### 可以生气，但不要越想越气

心理暗示。有时候，如果你在内心告诉自己，我是健康的、积极的，那么，你就会健康、积极起来。内心充满热情，你也就会变得热情起来。照照镜子，给自己一个微笑，永远用你灿烂的面容，温暖而热情地对待你的家人。别忘了，是你主宰了你的生活，你可以让每一天都光辉灿烂，也可以让每一天都阴暗忧郁。

曾经有一位演说家，很会鼓舞人心。一次，他到一家大型公司为员工们演讲，但就在他即将飞往这家公司时，班机却出现了一些故障，不得不停飞，于是，他辗转其他航线，终于抵达了目的地。为此，主持人不得不打乱演讲人的顺序。但主持人极为不明白的是，这位演说家却在后台不断地走动，捶打着自己的胸膛。当主持人介绍完这位演说家后，演说家跑上台，做了一次非常精彩的演讲。

午饭时间，主持人与演说家一起用餐，他问演说家："请问，你出场前在后台究竟在做什么呀？"他回答说："激励他人是我的工作，而且，我每天都在做。但在某些日子里，我实在打不起劲儿来，就像今天。我在后台只是'做出'充满热情的样子，然后我就会变得热情有劲了。"

从这个例子中，我们可以学到很重要的一点：每天都充满热情，不但自己受益，还能感染他人，从而使身边的人也和我们一样，享受积极而快乐的生活。

总之，无论我们经历过什么，从今天起，都要做个简单的人，踏实务实，不沉溺幻想，不庸人自扰。积攒热情的力量，要快乐，要开朗，要坚韧，要温暖，永远对生活充满希望，对于困境与磨难，用微笑面对。

# 第 7 章

## 运筹帷幄，进退之间让一切尽在掌控之中

人们常说，一年之计在于春，一日之计在于晨。春天是一年的开始，早晨是一天的开始，计划是非常重要的。凡事都不可一蹴而就，不管做什么事情，都要有计划。只有秩序井然，运筹帷幄，才能使自己的人生变得更加从容。

心量
可以生气，但不要越想越气

## 高效工作，不可眉毛胡子一把抓

在生活中，每个人都需要面对和处理很多事情，有些人从容不迫，生活得悠闲自在。有些人每天忙得焦头烂额，却还是把生活搞得就像一团乱麻。为什么会有如此大的区别呢？其实，关键就在于是否能够分清事情的轻重缓急。

要想轻松地打理事务，惬意地生活，首先要能够分清楚事情的轻重缓急。只有分清楚事情的轻重缓急，才能合理地安排时间，把各项事情处理好。很多时候，因为感情因素的影响，人们明明知道应该先处理哪些事情，但是却头脑发热地做出了冲动的举措。在这种情况下，一定要保持理智的心态，客观地看待事情，寻求相对公正合理的处理问题的方法。一旦颠倒了事情的主次顺序，非但不能处理好事情，还有可能弄巧成拙。人们常说，当局者迷，旁观者清，其实说的就是这个道理。很多时候，作为当局者，我们不妨请教旁观者，向他们询问具有可行性的建议或者意见，这样才能更好地处理好事情。此外，我们还可以采取未雨绸缪的方式处理事情，提前考虑一些可能

## 第 7 章
运筹帷幄，进退之间让一切尽在掌控之中

出现的情况以及应对的计策。这样一来，也能够使自己更加从容地处理生活和工作中的各种琐事。

在日常生活中，很多人都夸夸其谈，口若悬河，一旦遇到紧急情况就手足无措，不知道如何是好。在这种情况下，当务之急就是锻炼自己的应变能力。尤其是在职场上，对于企业来说，员工能否合理地安排工作时间，处理好各种烦琐的事务就显得尤为重要。人们常说，一日之计在于晨，通常情况下，上午是精力最旺盛的时候，适合处理一些重要的工作。而在下午，经历了一上午的工作，人们显得比较疲劳，注意力不容易集中，适合处理一些日常工作。当然，一旦遇到紧急的情况，就要马上做出调整。分清事情的轻重缓急，合理地安排时间，这样可以节约时间，又提高效率。

在一次时间管理的课堂上，教授先在桌子上放了一个罐子，然后又从带来的木箱中拿出一些中等大小的鹅卵石放入罐子里，直到再也放不下。这时，教授问学生们："罐子现在是满的吗？"

学生们异口同声地回答说："满了！"

教授笑着问学生们："真的已经满了吗？"

说着，教授就又从箱子里拿了一袋碎石子出来。他把碎石子从罐口倒进去，而后摇一摇，使石子之间的缝隙减小一些，然后再继续加进一些。看着满怀疑问的学生，他又问："你们说，

## 心量
**可以生气，但不要越想越气**

这罐子现在是满的吗？"

这次，学生们吸取了之前的经验和教训，不敢回答得太快，大家都谨慎地思考着，迟迟不敢回答。

过了足足有一分钟，班上有位学生才犹犹豫豫地轻声回答："也许还没有满。"

听到这个答案，教授非常满意地说："非常好！"

教授又拿出一袋沙子，在同学们瞠目结舌的目光中，缓缓地倒进罐子里。倒完后，教授又问学生们："现在，你们总该知道这个罐子是满还是没满了吧！"

有了前两次的经验和教训，这次全班同学都毫不迟疑地说："没有满。"

"好极了！"这显然是教授想要得到的答案，不由得连声称赞这些学生。

教授继续从箱子里拿出一大瓶水，把水倒进看似已经被鹅卵石、小碎石、沙子填满了的水罐子中。

教授郑重其事地问学生们："从这个实验中，我们能够得到一个什么结论呢？"

学生们沉默了，看得出来他们都在认真地思考着。不一会儿，一位学生回答说："不管我们的工作多么忙碌，行程安排得多么满，只要挤一挤，时间就会像海绵里的水一样，还是能够抽出时间来做更多的事情的。"

听到这个学生的回答,教授微微地点了点头,笑着说:"这个答案虽然听上去无可指摘,但并不是我真正想告诉你们的道理。"

这时,教授故意停顿了一下,表情严肃地说:"我想告诉各位同学的是,假如你不先把大的鹅卵石放进罐子中,而是先把小的碎石子和沙子放进罐子中,你就永远也没有机会把它们再放进去了。"

说到这里,学生们才恍然大悟。原来,教授是在教他们做事情要分清轻重缓急,合理地安排做事情的顺序。

在生活中,倘若一个人做事情总是手忙脚乱、毫无条理,就要自我反省,找出原因。但凡生活和工作焦头烂额的人,都是因为没有分清楚事情的主次,没有合理地安排好事情。当代管理学之父彼得·德鲁克说:"不管是谁,要想轻松地打理事务,就必须分清事情的主次。最糟糕的是什么事都做,但什么事都只做一点,这样必将导致庸庸碌碌,一事无成。"

生活中总是充斥着各种各样的事情,要想使自己的生活秩序井然,就必须按照事情的重要性和紧急性进行合理的安排。最好的方法是,首先处理迫在眉睫的紧急情况,然后再集中大段的时间做重要的事情,最后用零散的时间处理无足轻重的繁杂小事。只要能够按照事情的轻重缓急,安排好时间来处理,

> 心量
> 可以生气，但不要越想越气

提高效率，生活和工作就会变得秩序井然，轻松自在。

## 善于计划，掌控一切

《礼记·中庸》中说："凡事预则立，不预则废。言前定则不跲，事前定则不困，行前定则不疚，道前定则不穷。"在这句话中，"豫"亦作"预"。这句话的意思是让人们事先做好计划，这样才能更加从容地做事。英国作家狄更斯说："永远不要把今天可以做的事留到明天做，拖延是偷光阴的贼。"的确，很多事情如果能够事先计划好，并且按照计划进行，就能够节省时间，提高做事的效率。反之，假如做事情毫无头绪，总是像一只无头苍蝇似的四处乱撞，效率就会很低，即使每天都忙忙碌碌，仍然会毫无收获。

约翰在一个小镇上开了一家餐馆，已经经营了十几年。由于金融危机的影响，他的餐馆将面临破产的危险。作为商人，约翰非常郁闷。当一位食品供货商跑来向他要债的时候，郁郁寡欢的约翰正在思考自己失败的原因。

约翰问债主："我怎么也想不明白自己为什么会失败。难道是我对顾客不热情、服务不周到吗？"

# 第7章
## 运筹帷幄，进退之间让一切尽在掌控之中

债主安慰他说："其实，事情也许没有你想象得那么糟糕。你看，你不是还有很多资产吗？你完全可以东山再起！"

听到债主这种无关痛痒的安慰，约翰更加失落了，他愤愤地说："什么？东山再起？哪有那么容易呢？"

债主认真考虑了片刻，郑重其事地说："本着负责任的态度，我真的认为你可以东山再起。你看，你有很多现成的资源可以利用。我觉得，你应该把你眼下经营的现状详细地列成一张资产表，认真地清算一下你的资产情况，这样就方便你从头做起了。"看得出来，债主很真诚，他是在好意劝慰约翰。

约翰疑惑不解地问道："你的意思是让我把所有的资产和负债项目详细核算一遍，然后列成一张表格吗？"

债主坚定地说："是的，此时此刻，你最需要做的事情就是厘清自己的思路，制订一个详细而周密的计划，然后按照计划去执行、实施。"

说到这里，约翰恍然大悟："其实，早在15年前，我就已经想做这些事情了。不过，因为各种各样的原因，我迟迟没有去做。也许，正是因为我没有及时地做这件事情，才导致了我今天的失败。我认为，你说的是对的。"约翰重新燃起了希望，在清算完资产之后，约翰制订了一个详细而可行的计划，并且严格按照计划一步一步、脚踏实地地走向了成功。

> 心量
> 可以生气，但不要越想越气

显而易见，假如约翰没有采纳债主的建议，仍然自暴自弃，那么，他就永远也无法取得转机。正是在债主的提醒下，约翰才想起来自己早在15年前就已经想清算自己的资产、制订详细的计划并且严格地执行了。不过，15年来他一直被琐事缠身，反而忽视了这件至关重要的大事，最终导致了失败。意识到这一点之后，约翰采纳了债主的建议，并且及时地完成了自己早就该做的事情。正是因为有了计划，再加上严格的执行，才使约翰最终获得了成功。

其实，对于一个人而言，做事情有计划也是一个良好的习惯。这不仅反映了一个人做事情的态度，也是一个人能否取得成就的决定性因素。对于一个做事毫无头绪、没有条理的人而言，生活就像一团乱麻，剪不断理还乱。反之，对于一个计划性强、做事井然有序的人而言，生活则显得非常清爽悠闲，只要按照计划行事，一切问题就会迎刃而解。尤其是在职场上，做事有计划显得更加重要。众所周知，在大城市，生活节奏非常快，人们每天行色匆匆，工作的任务也非常繁重。如果一个人做事情没有计划，不能按时完成当天的工作，就会使第二天的工作任务变得更加繁重。日积月累，这些工作就会像大山一样沉重地压在人们的心上。而如果一个人习惯于事先做好计划，分清楚事情的轻重缓急，按照实际情况灵活地处理，那么，他工作起来就会显得相对轻松，从容不迫。总而言之，只有善于

# 第7章
运筹帷幄，进退之间让一切尽在掌控之中

做计划，做事才能从容不迫，人生才能气定神闲。

## 唯有有条不紊，才能从容不迫

在生活中，总是有很多琐碎的事情需要我们去处理。人们经常发现，有些人总是悠然自得，不急不躁，而且总是能够把各种琐事处理得很好。反之，有些人的生活则每天都像急行军，火急火燎，却总是把所有的事情都搞得一团糟，使自己的生活变得更加忙乱，毫无头绪。

细心观察则不难发现，那些生活从容的人做事情都很有序。他们从来不会允许所有的事情如同一团乱麻，在他们秩序井然的头脑之中，所有的事情就像图书馆中排列整齐的书一样，虽然很多，但是分类清晰。通过大脑中的检索目录，他们总是能够准确地找到并且处理好需要马上解决的问题。而那些生活乱糟糟的人做事基本上都没有次序可言，也许这一分钟还在处理工作，下一分钟就想去逛商场了，回家的路上却又想起来还有工作必须在今天处理完。最终的结果是，工作没有处理好，商场也没逛好，回家还因为加班而延迟了。总而言之，要想从容不迫地生活，除了要有淡定的心态外，更要养成做事有序的好习惯。

## 心量
### 可以生气，但不要越想越气

要想保持做事有序的好习惯，首先要能够分清楚事情的轻重缓急，合理地安排事情的次序。不管在什么场合，我们都要保持从容。要知道，良好的心态有利于我们把所有的事情理出次序，使你能够灵活自如地应对所有的事情。相反，假如你感到心烦意乱，大脑就会失去正常的思考能力，导致丢三落四。那么，怎样才能保持良好的心态，使自己做事有序呢？在做事情的时候，可以先有意地放慢自己的节奏，使自己恢复清醒。这样一来，你的大脑就可以进行正常的思考。许多新人因为缺乏工作经验，在进入单位的时候总是心慌意乱，生怕自己的工作无法得到领导和同事的认可。要想克服这种心理，首先要做的是主动和其他同事打招呼。其次，要处理好工作上的事情。在任何情况下，事情都要有轻重缓急之分，首先要处理紧急的事情，其次要处理重要的事情，最后再处理普通的事情，这样就不容易手忙脚乱，也就能更好地适应环境。

朱莉的两个朋友决定带他们的孩子去迪士尼乐园玩。在临行之前，他们把计划告诉了朱莉。游玩计划大致是这样的：周五晚上乘飞机，深夜到达，入住酒店。周六早晨，吃完早饭以后，从酒店去迪士尼乐园，在那儿度过一整天的时间，主要任务就是吃好玩好，玩遍所有的项目，然后回到酒店好好休息。等安顿好孩子睡觉之后，大人们可以出去美餐一顿，放松心情。

## 第7章
### 运筹帷幄，进退之间让一切尽在掌控之中

朱莉听到朋友们的旅游计划，第一反应就是日程安排过于紧张，肯定会非常忙乱。在单位里，朱莉的职位是项目经理，主要工作就是安排项目的各项事宜，并且统筹安排各个项目的时间。在朱莉看来，朋友们周六的计划也许得等到周日才能完成。因为朋友们把周六的日程安排得太满了，毫无节奏感可言，给人造成压迫感。当朋友们把这个行程落实之后，朱莉的担心得到了验证。朋友们周六晚上因为飞机晚点，直至凌晨才到酒店，安顿好睡觉的时候已经是黎明时分了。因为劳累，他们没有按时起床，直到中午时分才到达迪士尼乐园。可想而知，他们在半天的时间里很难在迪士尼乐园中吃好玩好。甚至直到周日的下午，他们才匆匆忙忙地完成了游玩的计划，手忙脚乱地踏上了回家的路。这次的旅游行程，最终以不合理安排而在忙乱中告终。

对大多数人而言，他们之所以不知道应该怎样从容不迫地生活，主要就是因为他们不知道怎样有序地做事。有序地做事是一个良好的习惯，在短期内很难养成，必须经过长期的积累才能养成。要想有序地做事，要想把事情排列出正确的顺序，首先要能够分清楚事情的轻重缓急。有的事情必须第一时间去做，有的事情需要在合适的时间慎重地去做，有些事情无关紧要，可以等到有空闲的时候再去做。只有知道哪些事情需要优

先去做,哪些事情需要重点去做,哪些事情无足轻重,才能排列出正确的解决顺序,再一一完成。

其实,生活一直处于变化发展之中,优先与延缓的问题也是随时随地发生着变化。当外界环境发生变化的时候,原本重要的事情也许会变得不重要,原本紧急的事情也许会变得不那么紧急。我们应该根据实际情况的变化,重新考虑事情的先后次序。只有养成做事有序的好习惯,才能从容不迫地去工作和生活。

## 深思熟虑,走好人生的每一步

在生活中,每个人都有自己的目标。有的人目标比较远大,好高骛远,有的人目标比较实际,有的人就是当一天和尚撞一天钟,没有目标。最为理想的人生状态是制定一个长远的目标,引导自己人生的方向,然后把长远的目标分成若干个可以实现的小目标,一步一步脚踏实地地去实现。这样一来,就能够稳健地走好人生的每一步。那么,怎样才能实现这样的人生状态呢?我们首先要善于思考。在生活中,有些人整日浑浑噩噩,懵懂度日,他们既没有长远目标,也没有短期目标。究其原因,是他们没有对生活进行认真的思索,因而也就没有生活的规划。

## 第7章
### 运筹帷幄,进退之间让一切尽在掌控之中

　　每个人的命运都掌握在自己手中,要想实现人生的目标,我们就必须认真地思考,合理地规划自己的人生。有目标的人生就像是一艘航向明确的船,向着人生的驿站驶去;反之,没有目标的人生则像是一艘没有航向的船,在人生的大海上随波漂泊。我们只有勤于思考,明确人生的目标,才能更好地、更加合理地规划自己的人生,使自己的人生更加顺利、美好。

　　不管是谁,在人生中都难免遇到坎坷和挫折。很多时候,我们无须把目标定得过于远大,过于宏伟。倘若好高骛远,就会因为理想遥不可及而难以坚持。当生活一帆风顺的时候,我们要想一想遭受坎坷时的艰难;当生活无比艰难的时候,我们可以想一想以前成功的喜悦。不管人生的目标多么远大,都是由一个个近期目标组成的。要想实现远大的目标,必要的前提条件就是实现一个个近期的目标。只有脚踏实地、按部就班,才能最终实现远大的目标。

　　俞夏和林明都是刚刚入校的大学生,面对着完全陌生的校园生活,她们都觉得特别新鲜。俞夏的目标非常远大,她想在大学四年的生活中把自己历练成一个全能型人才,不仅学好专业课知识,还要考上研究生,全面发展,学好第二专业。相比俞夏,林明的目标显得非常实际。林明的目标是在大学四年的生活中扎扎实实地学好专业知识,在专业领域内有所研究,此

## 心量
### 可以生气，但不要越想越气

外，还要学好英语，达到六级水平。

新学期开始了，林明每天都按部就班地上课，每天早晨早起锻炼身体，然后朗读英语，业余时间不是泡在图书馆中，就是在实验室中埋头做试验。而俞夏呢？除了上课外，在学校里几乎见不到她的身影，她不仅在课外报了一个技能培训班，还报了国画、声乐的训练班。俞夏每日都行色匆匆，把自己的每一分钟都充分利用起来，她想让自己四年之后脱胎换骨，还想让自己成为一个专业知识很强的专业型人才。

转眼之间，她们已经上大四了。经过三年的学习，林明的专业知识非常扎实，还在业余时间发表了几篇与专业相关的论文。因为她的目标相对专一，精力充足，所以她在大四刚开学就已经考过了英语六级。而三年连日奔波的生活，耗费了俞夏大量的精力，她的专业课成绩平平，选修的第二专业也没有学好。因为她在课外报的培训班太多，她的国画和声乐都没有取得出类拔萃的成绩。大四下学期，当同学们都开始忙着找工作的时候，俞夏却忙着应付各种选修课程和培训班的结业考试。在一家跨国公司的面试中，虽然俞夏有各种各样的证书，但是林明在专业领域内的建树和研究成果，使这家跨国公司毫不犹豫地选择了林明。

不管是谁，生活都需要脚踏实地。如今，面对严峻的就业

# 第7章
运筹帷幄，进退之间让一切尽在掌控之中

形势，很多大学生迫不及待地给自己充电，有时难免会显得非常盲目，做了很多无用功。就像俞夏一样，尽管大学四年的生活她过得非常辛苦，但是取得的结果却不尽如人意。相反，虽然林明的目标和俞夏比起来显得很单调，但是却取得了可喜的成绩。比较这两个人的大学生涯不难发现，俞夏虽然忙碌，但却是盲目地努力和付出。林明因为目标比较明确和专一，所以大学生活过得气定神闲。不仅达到了自己预期的目标，而且也使自己享受了充实又惬意的大学生活。对于她而言，这段大学生活是妙不可言的。在生活中，很多东西并不是一蹴而就的，我们必须用心思索，统观全局，才能做出合理的规划和安排。

著名作家柳青曾经说过："人生的道路虽然漫长，但紧要处常常只有几步，尤其是当人年轻的时候。"由此可见，我们一定要深思熟虑，慎重地、稳健地走好人生的每一步。

## 大事运筹帷幄，小事自如应对

在生活中，我们发现有些人总是气定神闲，悠然自在，而有些人却每日忙忙碌碌，为一些不值一提的小事烦恼忧愁。其实，即使一个人的生活一帆风顺，也会受到一些琐碎小事的搅扰。如果不能让自己从这些微不足道的烦恼和小事中抽身而出，就会深陷其中，难以自拔。而那些悠然面对生活的人目光放得更为长远，能够把握好人生的大方向，从来不被小事所困扰。

现代社会，人们对物质的要求越来越高，欲望也越来越强。在利益的驱使之下，人们每天忙忙碌碌，为了生活整日奔波。不可否认，追求利益是人的天性，但是，利益有大有小，有近有远。每个人都想追逐大的利益，长远的利益，却又常常被眼前的利益蒙蔽了眼睛。为了眼前的一点儿小利而花费大量的时间和精力，甚至为此失去了长远的大利益。由此可见，很多时候，眼前的利益不一定就是最大、最好的。所谓运筹帷幄，指的是在军帐内对战略进行全面计划，表示善于策划用兵，指挥战争。通常指将帅在后方决定作战方案，也泛指主持大计，考虑决策。总而言之，运筹帷幄是对大局的整体把握。其实，为了获得长远的利益、更大的利益，我们有时不得不放弃一些眼前的利益，甚至是到手的利益。人们常说"舍不得孩子套不着狼"，意思就是要懂得付出，懂得舍弃，这样才能有所收获。

那么，怎样才能运筹帷幄，不被眼前事所困扰呢？首先，要树立远大的目标和志向，眼睛不要只盯着寸土之地。世界是很广阔的，事情的发展也具有无限的空间，只有拥有远大的目标和志向，才能获得更大的收获。其次，要积累丰富的经验，对事情的预期发展做出准确的判断。世界处于不同的变化之中，事情的发展也往往出人意料，令人难以预测。只有积累经验，

## 第7章
运筹帷幄，进退之间让一切尽在掌控之中

使自己的阅历更加丰富，才能对事情的发展做出准确的判断和预期，才能真正做到运筹帷幄。

张华刚刚大学毕业，面对就业的窘境，他非常迷惘。他的爸爸有一位叫朱振强的朋友自己开了公司，事业有成。张华非常羡慕朱振强所取得的成就，因此便跑去取经，向他询问成功的诀窍。

得知张华的来意之后，朱振强一言不发，到厨房取来了一个西瓜，切给张华吃。让张华纳闷的是，这样一个叱咤风云的成功人士，居然不会切西瓜。只见，朱正强把西瓜分成四份之后，取出其中的一份，切成了大小不均匀的三块。张华迷惑不解地看着，不知道朱振强到底有何用意。

看到张华纳闷的眼神，朱振强笑着说："现在咱们来做一个选择。倘若这三块西瓜所代表的是一定程度的利益，你将做出怎样的选择呢？"朱振强一边说，一边把西瓜放在托盘上端到张华面前供他选择。

张华毫不迟疑地说："既然每块西瓜都代表一定程度的利益，那我当然要选择最大的那块！"一边说，张华的眼睛盯着最大的那块西瓜。

朱振强还是一言不发地笑了笑，把那块最大的西瓜递给了张华。

## 心量
### 可以生气，但不要越想越气

张华拿到西瓜以后就开始吃了起来，朱振强则拿起最小的那块西瓜吃了起来。因为西瓜太大，张华刚刚吃到二分之一，朱振强就已经把那块最小的西瓜吃完了。朱振强吃完那块最小的西瓜之后，便随即拿起来三块西瓜之中所剩的最后一块，悠然自得地吃了起来。他一边吃，一边高深莫测地冲着小伙子笑了笑。直到吃完西瓜张华才意识到，朱振强吃的那两块西瓜加起来比他所吃的那块最大的西瓜大得多。

张华立刻就明白了成功人士的意思：朱振强吃的那两块西瓜看起来都没有自己的大，但是，加起来的总量却比自己的多得多。也就是说，自己赢得的利益没有朱振强多。

和朱振强比起来，张华显然犯了目光短浅的错误。当听说每块西瓜都代表一定程度的利益之后，他就紧紧地盯着那块最大的西瓜，全然没有计算吃西瓜的速度和时间等因素。最终的结果是，张华看似占有了最大的那块西瓜，但是因为吃得太慢，根本没有时间去吃另一块。所以，朱振强吃完最小的那块西瓜之后，悠然自得地吃起了仅剩的那块西瓜。由此可见，要想获得成功，就要学会舍弃。有时只有学会舍弃眼前的利益，才能获得长远的大利。

春秋时期，吴国有个叫季礼的贤士。有一次，季礼去徐国

## 第7章
运筹帷幄，进退之间让一切尽在掌控之中

出使，顺便去看望老朋友徐君。徐君看见季礼所佩戴的剑非常精美，因此特别喜爱，但是又不好意思夺人所爱。季礼深知徐君的心意，但他还需要用到这把剑，因此，季礼就没有当即赠予。出使刚刚回来，季礼就去把剑送给徐君，但是，他却发现徐君在他出使的这段时间里已经去世了。季礼来到徐君的墓前，悲伤地把剑放在了那里，然后黯然离去。季礼的随从纳闷不解，便问："既然徐君已经去世了，你为什么还要把剑放到墓前呢？"季礼说："徐君生前非常喜爱此剑，我深知他的心意，但是因为出使的事情，所以没有赠送给他。但是我的心里是很想把剑送给他的。如今，尽管徐君已经去世了，但是他的心里一定还是非常喜欢这把剑的，所以我依旧决定把剑送给他。"这件事传出去以后，人们议论纷纷，全都称赞季礼是个重情重义的人。自此以后，很多人都不远千里地跑来和季礼交朋友。

虽然徐君已经死了，季礼根本无须把剑留在季礼的墓前，但是他念及朋友的情分，把剑留在了徐君的墓前。看起来，季礼失去了一把宝剑，实际上，季礼却因为这把剑获得了重情重义的美名，因而得到了更多贤明的朋友。

在生活中，人们难免要受到各种各样的利益诱惑。实际上，聪明的人往往会放弃眼前的一些利益，以谋求更长远的利益。很多时候，失去是为了得到更多，有舍才有得，只有先学会舍弃，

> 心量
> 可以生气，但不要越想越气

才能获得成功。

## 要想做事从容，就要时刻注意分寸感

世间万事万物，都有一个度。就像《登徒子好色赋》中所描述："天下之佳人莫若楚国，楚国之丽者莫若臣里，臣里之美者莫若臣东家之子。东家之子，增之一分则太长，减之一分则太短；著粉则太白，施朱则太赤；眉如翠羽，肌如白雪；腰如束素，齿如含贝；嫣然一笑，惑阳城，迷下蔡。"从这段描述不难看出，东家之子的美恰到好处，绝妙天成。其实，不仅美貌是如此，做事也是如此。

在生活中，每个人都难免要与别人打交道，处理生活中各种各样的问题。细心观察不难发现，有的人为人处世非常圆滑，在社交中总是如鱼得水，把纷繁复杂的人际关系处理得恰到好处。然而，有的人却很难与别人友好相处，总是像拧错了地方的螺丝钉一样，尴尬难堪。这样一来，不仅影响了人际关系和社会交往，甚至还会影响他的生活和事业。那么，怎样才能更加从容地应对生活呢？首先要做的就是把握好分寸。

所谓分寸，指的是说话或做事的适当标准或限度。当然，在生活中，凡事并没有一个明确的尺度标准来衡量。法律虽然

## 第7章
### 运筹帷幄，进退之间让一切尽在掌控之中

规范了哪些事情是人们不能触碰的，道德也在约束着人们的言行举止，但是，却没有任何规定能够告诉人们做事的分寸是什么。那么，怎样才能把握做事的分寸呢？分寸是非常微妙的标准，只存在于人们的心中。对于不同的人来说，即使是同一件事情，也有不同的分寸。例如，对于一个谨言慎行的人来说，他从来不会口出脏话。但是，对于一个不注意自己的言行的人来说，说脏话似乎是家常便饭。倘若这两个人遇到一起，喜欢说脏话的人会在无意之间让言行谨慎的人非常不舒服，而他自己却不知道是怎么回事儿。这就要求我们在为人处世的时候要把握好分寸，不要无意之间触碰别人的底线。只有这样，才能更好地处理事情和人际关系，从而更加从容地做人做事。

南朝后主陈叔宝之妹、太子舍人陈德言之妻乐昌公主在《饯别自解》一诗中写道："今日何迁次，新官对旧官。笑啼都不敢，方信做人难。"《本事诗》详细地记载了这首诗的创作背景。陈灭亡后，乐昌公主在战乱中与丈夫徐德言失散了，后被隋朝大臣杨素所得。在得知乐昌公主的下落后，徐德言就来到长安与乐昌公主相会。为了表示庆贺，杨素大办宴席。在当时的情景之下，乐昌公主触景生情，写下了这首《饯别自解》。

对于乐昌公主而言，虽然与失散的丈夫重逢是一件令人高兴的事情，但是，她却不能直言不讳地表达自己的情绪。要知道，

### 心量
#### 可以生气，但不要越想越气

杨素的权势很大，倘若乐昌公主喜形于色，杨素必然会觉得很不高兴，而乐昌公主根本不敢得罪杨素。如果笑，旧官（徐德言）不乐意；如果哭，新官（杨素）不高兴。因此，乐昌公主只好压抑自己的感情，把感情的天平放平，不偏不倚。在这首诗中，她把自己比喻成一个小吏，对新官和旧官一视同仁。乐昌公主做出了如此恰到好处的处理，掌握好了分寸，自然新官和旧官都感到满意，杨素没有感到不痛快，徐德言也没有觉得受到冷落。处理事情把握好分寸，乐昌公主无疑是一个很好的榜样。

人生在世，没有一个人是可以完全独立的。每个人不管身份和地位如何，都难免要处理各种各样的事情，与形形色色的人打交道。看看熙熙攘攘的人群，有的人生活得如鱼得水，有的人却生活得焦头烂额。究其原因，就是要掌握好做事做人的分寸。具体来说，要想把握好做人做事的分寸，需要从以下三个方面着手。

1. 要把握好说话的分寸

与人交往，必须要借助语言，说话是门不容小觑的大学问。很多时候，能说话不等于会说话，会说话不等于懂分寸。常言道，会说说得人笑，不会说说得人跳。要想妙语如珠，就必须在恰当的时机对恰当的人说出恰当的话。换言之，就是要把握说话的分寸。

2. 要把握好办事的分寸

不管是生活还是工作，每个人都需要办事。或者是公事，或者是私事，只有把事办好，才能从容不迫。办事的时候，同样要把握好分寸，既不要唯唯诺诺，也不要肆无忌惮。只有分清事情的轻重缓急，把握好办事尺度，才能处理好事情。

3. 把握好与人交往的分寸

人是群居动物，每个人都需要与别人交往。在交往的时候也需要多加留心，一旦处理不好，就会给对方和自己的心里留下阴影。与人交往的时候，不仅要把握好远近亲疏的分寸，还要把握好争强好胜与谦虚礼让的分寸。需要注意的是，现代社会，人们越来越重视自己的隐私空间，因此，与人交往的时候要把握好距离，只有保持适度的距离，才能产生一定的美感。

成功学家认为，要想获得好人缘，首先要把握为人处事的分寸。俗话说："世事洞明皆学问，人情练达即文章。"倘若要把处理纷繁复杂世间事的方法简化概括一下，无外乎"分寸"二字。只有把握好办事的分寸，才能使自己的生活变得更加从容，才能使自己更加顺利地获得成功。

# 第 8 章

## 摒弃浮躁，坚持信念的人从不与自己过不去

生活有太多的计较和在乎，我们常常感觉到很痛苦，失去了快乐，感受不到幸福。事实上，你若真正去探究那些你所计较和在乎的东西，便会发现它们只不过是过眼云烟，根本没有你想象的那么重要。因此，如果我们能淡然地面对生活，你就会惊奇地发现，原来自己也可以这么快乐，日子竟可以这么幸福。

心量
可以生气，但不要越想越气

## 心思细腻，但不要拘泥细节

很多人说自己对待生活很淡然，可是在别人看来，他们却一点也没表现出淡然，反而过多在乎世间的名利，在是是非非中纠结不已。还有一些人为了向别人表现自己是多么淡定，多么懂生活，故意炫耀作秀。事实上，这两种人都不是真正淡然对待生活的人。那么，究竟要怎样做才算淡然对待生活呢？那就是多关注细节，细腻但是不能矫情。

有两兄弟先后投资做生意，短时间内，哥哥赚了很多钱，买了豪车别墅。在别人看来他的生活可谓是名利双收，再幸福不过了。可是，哥哥却一点也感觉不到快乐开心，反而整天忧心忡忡。

弟弟尽管很努力地工作，可是整整三年，不但没有赚到钱，反而欠下了一屁股的债，不得不四处躲避，他的苦痛或许只有自己知道。他除了每天哀叹命运的不公平外，似乎没别的事可做。

# 第8章
## 摒弃浮躁，坚持信念的人从不与自己过不去

这天，哥哥慕名前来，向一位智者求教如何让自己快乐起来。在智者的住处，他意外地碰到了弟弟。和他的想法一样，弟弟也是来向智者寻觅快乐的方法的。两人见面，都愣住了，他们都觉得对方应该是快乐的。

智者对哥哥说："你的痛苦来源于拥有，你总是担心别人会夺取你的名利，总是在小心提防着身边的每一个人。你在拒绝别人的时候，也同时拒绝了快乐。如果你想要获得快乐，那么不妨放弃名利，做一个简单的人。"

哥哥听了，便离开了智者的家。他觉得智者是浪得虚名，根本不能解决他的问题。

智者对弟弟说："你之所以不快乐，是因为你对生活产生了绝望，你不再相信自己，破罐子破摔，生活里没有了希望，自然活着很痛苦。如果你想要快乐，那么要做的就是要重新找回自己。"

听了智者的话，弟弟也是半信半疑。

三个月后，哥哥再次找到了智者，告诉他自己不但没有获得快乐，反而越加痛苦。智者问道："你真的放弃名利了吗？"哥哥不解地问："这些东西是我经过努力才得来的，如果要我全部放弃，活着还有什么意思呢？"智者笑着说："那你现在觉得活得有意思吗？"哥哥这才明白了智者的意思。回去后，把自己的大量财富捐给了社会，找了一个僻静的地方安静地

> 心量
> 可以生气，但不要越想越气

生活。

同样，弟弟也在三个月之后又找到了智者，他说："我依然很痛苦。"智者破口大骂，语言非常难听，弟弟的自尊心受到了伤害，他愤怒地回骂了智者，头也不回地走了。可是奇怪的是，回去之后，他找回了往日的自信。

故事里的两兄弟都不快乐，尽管他们不快乐的原因截然相反。但在智者的点拨之后，两人并没有从细节之处着手，而是空喊着口号，他们自然不能得到解脱。最后，在智者的帮助下，两兄弟一个放弃了社会的名利，过上了隐居的生活，另一个则找回了自信，也获得了快乐。可见，要想获得快乐，光有想法是不行的，关键还是要从细节上改变。那么，要想做到这一点，我们应该做到以下几方面。

1. 从身边的小事做起

细节往往蕴藏在身边的小事中。可是，很多时候我们总是希望在重要的事情上证明自己的实力，却忽略了身边的无关痛痒的小事情。事实上，越落实到不起眼的小事情上，越能说明你贯彻得透彻。因此，要想让自己真正做到淡然，不妨从身边的小事情做起。如果你能做到，说明你真的能够"放得下"。

2. 把好想法落实下去

很多人想法很不错，可是却总是在喊口号，并没有真正地落实，那么他的诉求自然没有办法满足了。就像故事中的哥哥，尽管很想超凡脱俗，可是却始终放不下名利，所以后来还是觉得痛苦万分。最后他把自己想要获得自由的想法落实了下去，因此而得到了解脱，得到了真正的快乐和幸福。

3. 不要故意炫耀

我们强调淡定，就是说要有一颗平常心去对待生活的欢喜和痛苦。那么，既然你想要表现得淡然一些，就不要随便向别人炫耀。如果你真的淡然，别人自然会看得出来。对待生活淡然一些，获得解脱的是你，快乐的也是你。事实上，这个过程本身就很淡然。如果你到处对人宣扬，那么你的淡然也只是表面。

4. 凝聚心神，放大客观因素

我们常常说，天才是百分之一的天赋加百分之九十九的努力，这告诉我们成功必须要付出艰辛的努力。也就是说，客观的因素不是关键，关键在于后天是否努力。这样的结果往往会让我们错误地认为，只要通过努力，就能得到自己想要的东西。因此，很多人非常努力，也非常辛苦，压力倍增，在艰辛努力的过程中失去了自我。因而，要想有一份淡然的心态来面对生活，不妨凝聚心神，放大客观条件。

心量
可以生气，但不要越想越气

## 以坚韧之心面对困难，总会熬过去

对于整个宇宙而言，每个人只是沧海一粟；对于整个人生而言，不管你此刻面临着怎样的艰难险阻，都只是暂时的，终将会过去。因此，我们时刻都应该坚定自己的内心，相信所有的困难都只是暂时的，能够战胜的。一位年近古稀的老人说过一句特别朴实的话，"不管怎样，日子总要继续往下过"。这句话看似平淡无奇，却揭示了人生的真谛。老人历经七十载人生，经历了各种苦难，才得出了这样的感叹。还有人说，"哭也是一天，笑也是一天，何不快快乐乐地过呢？"这些话说起来都很轻松，但做起来却都很难。假如没有一颗坚强的心，就很难从容乐观地面对生活。

学习成绩平平的表妹突然做出了一个重大的决定：一定要考上北大，否则就不上大学。家人也没有把这个决定当一回事，可是表妹却跟自己耗上了。

每天早上，天不亮她就爬了起来，拼命学习，连早饭都顾不得吃，即使在上学的路上，也在看书学习。在学校里就更不用说了，当别的同学在休息时，表妹还在刻苦攻读，晚上一直学习到凌晨两点才肯睡。

她非常辛苦，也许是期望太高的缘故，她的压力也非常大，

## 第8章
### 摒弃浮躁，坚持信念的人从不与自己过不去

常常为一道不会做的数学题而嚎啕大哭，这在以前她完全不当回事的。两个月下来，她的学习不但没有进步，而且由于过度疲劳住进了医院。

姑妈得知表妹的心结，耐心地劝她说："孩子，你知道北大多么有名吗？那是全国数一数二的学校啊。即使在我们县城，十多年了也没有一个学生能考进去的，你为啥要自己折磨自己呢？"

表妹不服气地说："照你这么说，北大都没人上了，那不是每年也有那么多的人考进去吗？"姑妈说："你说得没错，但是咱们也要看看自己的实力啊。"

表妹若有所思，不再说话了。姑妈趁机说："你只要做原原本本的你，就完全可以了，没有必要把自己逼得太狠，家人看着心疼啊。"

表妹看着姑妈的眼，微笑着点了点头，这是她几个月以来第一次微笑，在那一刻，她觉得自己开心极了。

案例里的表妹有很大的抱负，想要考上北京大学。为此，她背上了巨大的压力，失去了往日的快乐和幸福。后来，在姑妈的劝导之下，表妹认识到梦想和现实之间的差异，才卸下了这个包袱，感觉到了生活的快乐。可见，认清客观因素，让我们清楚认识自己，从而和不切合实际的愿望决裂，以淡然的心

### 心量
#### 可以生气，但不要越想越气

态来面对生活，这样，我们会快乐很多。那么，究竟如何才能做到这一点呢？

1. 设定合理目标

通常，很多人之所以想要通过努力去实现自己的愿望，是因为他们对自己非常有自信，甚至是自负。他们觉得自己了不起，所以对自己提出较高的愿望。事实上，这些较高的愿望对他们来说就是对自我的一种折磨。这时候，要看清楚真实的自己，这样才不会去追求不切合实际的东西。

2. 认清客观因素

很多时候，我们对自己将要实现的愿望并不了解，只是觉得，是最好的便要去追寻。这时候直接指出他的不切实际未必会起到相应的作用。但如果你能适当进行比较，则能让他更清晰地认识到自己和期望之间的差距。这样，对方就不会盲目地去追求不适合自己的东西，而陷入深深的痛苦之中了。

3. 分析现有条件

事实上，很多人在盲目追求的时候并不了解客观的情况究竟有多难。如果你能清晰地帮助对方分析和认识，在一定程度上也是对客观条件的放大。让他们放弃那些本就不切合实际的欲望，能把他们从困境中拯救出来，让他们淡然地面对生活，轻松快乐地过好每一天。

## 踏实做事，一步一个脚印

生活中，我们总是渴望能拥有更多。因此，看到别人的成功，总是想让自己也能获得和别人一样的高度，做不到便觉得痛苦无助。事实上，冰冻三尺非一日之寒，我们在看到别人成就的同时，往往没有看到别人付出的努力和经历的艰辛。因而，要想站得高，就要一步一个台阶，慢慢地往上爬。

肖辉和党宇是非常要好的朋友，这天，他去党宇家玩的时候，恰巧看到了党宇的爷爷在写毛笔字，于是凑上去观看。老人家的毛笔字如行云流水一般，变化莫测。而肖辉也很喜欢书法，可是一直以来总是写不好。

看到老人家的毛笔字写得这么好，再看看自己，肖辉觉得脸上火辣辣的。于是他暗下决心，一定要练成与老人家一样的功力。从那之后，他每天都趴在桌子上练习书法，过了半个月，他觉得自己的水平还是没有半点提高，因而非常痛苦。为什么老人家都能做到的事情，自己一个二十多岁的小伙子却做不到呢？

又坚持练习了半个月之后，肖辉就放弃了，他觉得自己根本不是那块料。为此，他每天唉声叹气，闷闷不乐。党宇知道后，前来看望肖辉，并答应求爷爷帮助他。

## 心量
### 可以生气，但不要越想越气

这天，党宇带着肖辉来找爷爷。老人家笑呵呵地说："年轻人，你有要练好书法的想法是好的，可是你现在不论如何努力，都不可能达到我这样的境界。"肖辉不解地问："为什么呢？难道您的功力是天生的？"老人家笑着说："我今年八十有三了，我从你那个年纪练起，练了整整六十多年，才有今天的成果，而你练习书法又练了几年呢？你凭什么觉得你应该有我这样的境界呢？"听了老人的话后，肖辉茅塞顿开。

肖辉在发现党宇的爷爷书法写得行云流水后，和自己进行了比较，看到了差距，所以非常痛苦。后来，在老人家的开导之下，他明白了其中的缘由。由此可见，做任何事情都需要一个过程，不可能一步到位。只有一步一个台阶，一步一个脚印地不断积累，才能爬得高看得远。那么，究竟如何才能做到一步一个台阶呢？

1. 要有清晰的自我认知

要想做事更加踏实，就一定要有个清晰的认识，这是做好事情的前提。要知道究竟你在做什么事情，需要付出什么样的努力，这样做起事情来才能有个心理准备。比如，小强想要练习拳击，想要赢得比赛的冠军，他明白这需要付出巨大的努力，所以，他每天不和朋友们一起玩，而是一心一意地钻进拳击馆里勤学苦练，最终才能打败对手，赢得了冠军。

## 2. 一定要端正做事的态度

想不想做好事情是态度的问题，而能不能做好是能力的问题。如果能力不行，可以苦练，但是态度不端正，是无论如何也做不好事情的。因此，在做事情之前，一定要端正自己的态度。事实上，也只有端正了态度，才能严肃认真地对待，才能算真正意义上一步一个台阶。

## 3. 要有持之以恒的决心

任何事情都不是一朝一夕能做成的。你看到别人取得的辉煌，那是别人付出了艰辛的努力之后才得到的。因此，如果你也想和别人一样辉煌，那么就要有持之以恒的决心，付出艰辛的努力。如果一遇到困难就想放弃，那么无论如何也不可能达到跟别人一样的高度。

## 4. 要耐得住寂寞和无聊

要想取得辉煌，就要耐得住寂寞和无聊。别人在玩乐的时候，你在勤学苦练，这是个枯燥的过程，需要独自面对和承受。如果耐不住寂寞，内心就不能完全用到你的练习上，那样无论如何也不会得到你想要的结果。

> 心量
> 可以生气，但不要越想越气

## 心定心安，拒绝浮躁

生活中，总是有太多的诱惑，让我们身陷"囹圄"，焦躁不安。这时候，人往往需要迅速地让自己的内心平静下来。否则将总是生活在紧张当中，处在濒临崩溃的边缘。打开心结是关键，但既然你如此纠结，心结也不是一时半会能够释然的。这时，不妨听点音乐，看个漫画，或是喝杯清茶，读一本好书，以此来陶冶性情。在不知不觉中，你的心就会慢慢地平静下来了。

究竟如何才能做到全神贯注陶冶性情，消除浮躁呢？

1. 让音乐完全占据你的思维空间

人在焦躁的时候，往往心会跳动很快，脑子里胡思乱想。这时候要想让自己迅速平静下来，不妨打开音响，让音乐完全占据你的思维空间，不给自己留多余的空间，这样就不会胡思乱想。而且舒缓的音乐能迅速调整你的心跳，你就会慢慢地完全沉浸在音乐里，也就不会再感觉到烦躁不安了。

2. 看看漫画和动画片

孩子天真无邪，没有太多的欲念，也不会感觉到痛苦。因此，在你感到痛苦万分的时候，可以打开电视，看一部动画片，或者是看一本漫画书，让童真影响你的心。你可以获得孩童般的简单和快乐，消除欲念，内心也会因此而得到了安宁。

3. 泡一杯清茶或者煮杯咖啡

不可否认，清茶和咖啡有让人神清气爽的功效。如果你被尘世的琐事弄得心烦意乱时，不妨泡一杯清茶，或者是煮一杯浓浓的咖啡。当你喝后，内心可能就会平静不少。

4. 看一本剖析人生得失的好书

人之所以痛苦，是因为看不透人生，放不下得失。当你用另外一个视角去理解和认识之后，便会觉得一切不过是过眼云烟。因而，在痛苦烦躁的时候，不妨寻找一本剖析人生的好书来读。好的文字能拨云见日，让你的心从烦躁和痛苦中跳出来，享受人生的真挚。

## 困难面前，信念具有无坚不摧的力量

在我们的生活中，多多少少都会遇到困难，很多人在面对困难的时候，会被困难吓倒。其实，不管是在生活的困境中还是在工作的挫折中，最大的困难并不是那些摆在面前的难题，而是我们自己的内心。

现在的社会，竞争压力越来越大，人们的生活压力也随之增大。很多人一旦遇到自己解决不了的难题，就会自怨自艾，甚至有的人会选择轻生。面对这种情况，我们更要及时地进行

> 心量
> 可以生气，但不要越想越气

自我调节，以此保持良好的精神状态。越是在困难面前，我们越要学会调整自己的心态。

在面对困难的时候，要时常告诉自己，不就是个芝麻大小的事情吗，有什么过不去的呢？当你有了这种积极的心态的时候，再大的困难在你面前也会变得渺小。

琼斯是一位新闻专业的学生，在学校里对自己的专业兴趣并不大，所以大学所修的课程也都是马马虎虎及格而已。大学毕业后，琼斯不想从事新闻工作，所以就打算找别的工作。他参加了很多面试和招聘，但都被对方以专业不符为由拒绝了。

无奈之下，他只好参加了当地报社的招聘，最终考入当地的《明星报》担任记者。虽然自己不喜欢这份职业，但是为了生活，琼斯还是接受了。因为他明白，如果他放弃了这份工作，那他就会失去最基本的生存保障，毕竟现在就业压力很大，有很多人对他这份工作也求之不得呢！

第一天上班，上司就交给了琼斯一个任务：采访大法官布兰代斯。当琼斯听到这个人名时，并不是欣喜若狂，反而是愁眉苦脸。因为这位布兰代斯是一位很有名气的人物，而且琼斯任职的报纸并不是当地的一流大报，琼斯也只是一名刚刚出道、名不见经传的小记者，以这样的身份去采访这位大法官，他又怎么可能接受呢。

## 第8章
### 摒弃浮躁，坚持信念的人从不与自己过不去

周围的同事们看到琼斯刚来上班，领导就交了这么重要的一项任务给他，觉得这是上司器重他的表现。同事们也都很羡慕琼斯，可是琼斯不是这么想，他觉得是上司在故意刁难他。

看着同事们对自己的羡慕，琼斯心里更是害怕完不成这个任务。他越想越害怕，甚至最后觉得自己根本就不是当记者的料。这时候，琼斯的同事史蒂芬在获悉了琼斯的苦恼后说："我很理解你。让我打个比方，你现在就像是躲在阴暗的房子里，想象外面的阳光多么炎热。其实外面究竟如何，最简单有效的办法就是向外跨出一步。"

听完史蒂芬的话，琼斯明白了：把困难想象得有多大，那困难就会变成多大。琼斯决定先跟布兰代斯的秘书联系一下，于是，就拨通了对方的电话，并直接向对方说出了自己的请求，最终成功地约到了布兰代斯接受采访。

自从这件事情后，琼斯在以后的工作中不管遇到多大的困难，都会时常暗示自己："别让困难在你心中无限放大。"在这种心理暗示下，琼斯总是能够在面对困难时调整自己，也总是能够以最积极的心态面对工作和生活。多年以后，昔日羞怯的琼斯成了《明星报》的台柱记者。

就像琼斯一样，他刚开始在面对上司交给自己的艰难任务时总是胡思乱想，甚至开始怀疑自己。可在经过同事的开导后，

## 心量
### 可以生气，但不要越想越气

他明白了：在困难面前，你越是害怕，困难就会越大。

我们在生活中也可以时常暗示自己："别让困难在自己心中无限放大。"以这种心理暗示的方法来调整自己，进而使自己的精神面貌调整到最好，使自己更有信心去战胜困难。

现在的我们，不管是在生活还是在工作中，做事情或是处理问题，都总是瞻前顾后，考虑再三，越是害怕就越是不敢去做。其实在面对困难时，我们要学会单刀直入。有很多事情，开始很不容易解决，但是只要戳中要害，就可以轻松顺利地解决。

一般来说，第一次克服了畏怯心理，下一次就容易多了。所以我们在面对困难时，要学会对自己进行积极的心理调节，不要将困难在想象中放大一百倍，而是要时常暗示自己："别让困难在自己心中无限放大。"以这种心理暗示的方法来调节自己的心态，可以使自己更好地面对眼前的困难。

## 屏除杂念，生活需要一颗平常心

生活中，人们往往会受到各种各样的影响，从而导致心情浮躁。当心情浮躁的时候，如果不及时调整，那么很有可能会因为冲动而做出一些极端的举动，破坏了自己平静的生活。事实上，如果我们能够及时冷静下来，理性思考，以一颗平常心

## 第8章
### 摒弃浮躁，坚持信念的人从不与自己过不去

对待生活，那么生活也许会为我们打开另一扇大门。

小王是一位高三学生，平时学习很努力，但是成绩总不见有提升。班主任也曾找过他谈话，对他说："我不指望你能上重点大学，但是你至少得考上一个本科。"

小王自己也很着急，一直到高考的前一天晚上还在努力，想着班主任的话，心中不免有些酸苦，心想：我高中三年也没有比别人少学半分钟，但是我的成绩却总提不上去，班主任的话明显有几分看不起我，我一定要在明天的考试中考出一个好成绩来给班主任瞧瞧。小王越想越难以入眠，心情十分浮躁。

于是，小王独自一人悄悄地走出宿舍楼，到静静的操场上散步。操场上空气很新鲜，漆黑一片，只有蟋蟀的叫声。

小王的心逐渐平静下来了，然后就回到寝室去睡觉。

第二天的考试，小王感觉很不错，基本上一气呵成。

考试后的第二天，班主任让大家填志愿，小王想报考重点大学，但是班主任担心他考不上而影响了班里的升学率，于是只让小王填写了一个普通大学。

一个月以后，高考成绩公布了，小王在班里是第四名，按照他的成绩，考一个名牌大学是没有问题的。此时，小王心里很不平衡，非常浮躁。

在查到成绩后的假期里，小王一直幻想着自己考上名校时

## 心量
### 可以生气，但不要越想越气

候的情景：父母的微笑，老师的赞扬，同学们的羡慕……

于是，小王和父母商量后做出了一个惊人的决定：准备复习一年考清华或者北大。

又是一年的刻苦学习，小王终于熬到了高考。

在填志愿的时候，小王很自信地填报了清华大学，很多人都投来了羡慕的眼光。

一个月后，高考成绩公布了，小王的成绩比上一年低很多。这时他才从梦中惊醒。此时家中已经没人支持他复读了。

小王的高考之路就此结束了。

在这个案例中，由于高考成绩与目标学校之间的落差造成了小王心情上的浮躁，但他没有及时冷静下来，没有理性思考自己的优缺点，导致做出了不理智的决定，最后导致高考之路的终结。所以，给浮躁的心情找个安静的角落是相当重要的。那么，如何才能给浮躁的心情找一个安静的环境呢？

1. 心境要淡然

很多时候，我们浮躁是由于放不下自身的名利。拥有的时候，总想得寸进尺；失去的时候，总幻想假如没有失去该多好，浮躁往往在患得患失的心境中产生。要想克服这种患得患失的浮躁心境，不妨淡然一些，也许内心自然就平静了。

2. 踏实走好每一步

人之所以浮躁，是因为理想和现实之间有太大的差异。理想很美好，现实却很残酷。这个时候如果能够冷静下来，走好当前的每一步，你就会发现，当前的每一步也并非你自己想象中的那么艰难。

3. 清晰认识自我

浮躁的人往往缺乏清晰的自我认识，看不到自身的缺点，总觉得自己什么都能干，结果往往会失败而归。因此，浮躁的时候，一定要清晰地认识自我。具体来说，首先要多反思自己失败的原因，其次要多听取周围人的建议。

4. 要懂得向生活妥协

每个人都希望自己成为生活中的强者，但是很多时候往往事与愿违，我们不妨承认自己不是那么伟大。也许心中放不下的名利此时也就不那么重要了，这样也许能够得到一个平静的心情。

## 专心致志，总能达成所愿

在生活中，我们总是过高地评估自己的能力，觉得自己这个也能行，那个也能干，可是最终一事无成。事实上，人的精

## 心量
### 可以生气，但不要越想越气

力是有限的，如果不能一心一意，往往哪件事情也做不好。与其这样，不如专心致志地做好一件事情。而只有这样，才能收获你所渴望的成功。

晴晴和文文是非常要好的朋友，她们都特别喜欢小提琴演奏。事实上，她们的结识也是在小提琴演奏班里。相比之下，晴晴的天赋更高一些。可是在一次小提琴演奏比赛中，文文拿了奖，而晴晴早早就被淘汰了。原因很简单，晴晴在学习小提琴的过程中不专心。

有一段时间，晴晴练琴的时候总是走神，业余时间也很少碰琴，她的大部分时间都被玩乐占据了，非但没有进步，还退步了不少。为此，晴晴没有少挨老师的批评。而这个时候的文文，却每天都在专心致志地练习演奏，演奏技巧百尺竿头更进一步。

终于，一年一度的小提琴演奏比赛开始了。晴晴和文文都报名参加了，晴晴觉得这个奖一定属于她。刚上台不久，她就觉得很吃力，很多以前练习得非常熟练的动作和技巧，一下子就生疏了起来，演奏出来的音乐也非常难听。而文文的演奏却非常流畅，很明显，这个阶段她取得了巨大的进步。

演奏失败后，晴晴非常后悔。因为这个奖对于她们这个阶段非常重要，甚至直接决定着以后的演奏生涯。她认真做了检讨，重新一心一意地投入练习中了。

## 第8章
摒弃浮躁，坚持信念的人从不与自己过不去

故事中的晴晴热衷享乐，致使她荒废了小提琴演奏的练习，结果与奖无缘。而相反，资质稍差的文文却一心一意地刻苦练习，取得了巨大的成功。可见，做任何事情都不能三心二意，否则什么事情都做不好。那么，究竟如何才能做到一心一意呢？

1. 看清楚目标

很多人在做事情之前很清楚自己的目标，可是在这个过程中，随着诱惑的增多，自己的目标慢慢地模糊了。要想成功，就要时时刻刻看清楚自己的目标，不要被社会的诱惑所分神。当然，这并不是一件容易的事情，因为并不是每个人都有毅力，经得住诱惑。

2. 要有坚定的信念

世上没有随随便便的成功，任何事情都不可能一帆风顺。在做事情的时候，如果遇到困难和挫折，千万不要气馁，也不要动摇放弃，一定要有坚定的信念。困难和挫折是必不可少的，而且也是能够克服的。只要有了想要成功的坚定信念和决心，就不会被困难和挫折打败。

3. 不要和别人比较

每个人的社会关系不一样，能力不一样，因此，在走向成功的路上所付出的努力也是不一样的。因此，不要随便和周围的人做比较。如果与比你强的人比较，会让你产生自卑的情绪；

和比你弱的人比较，会让你产生骄傲自满的情绪，这样对进步没有任何的帮助，还会影响你前进的步伐。

4. 做到心无杂念

思维决定行动，当你的心里胡思乱想的时候，你的行为也会受到一定的影响。这无益于你最终走向辉煌，反而会成为前进路上的绊脚石。因而，要想做到一心一意，就要做到心无杂念。事实上，也只有这样，做事情的动力才会最大，态度才会最好，才能真正大踏步地前进。

# 第9章

## 内心强大，笑纳生活才能豁达宽广

要想拥有从容淡定的人生、潇洒不羁的生活，就要摆正自己的心态，以豁达宽广的心胸面对生活。在生活中，有很多事情都是我们难以预料的，因此无法提前做好应对的措施。那么，我们能做的是什么呢？我们唯一能做的就是调整自己的心态，以不变应万变，这样才能从容地生活，潇洒地行走在人生的旅途上。

心量
可以生气，但不要越想越气

## 心态积极，你就拥有了一切

生活就像一面镜子，你笑它也笑，你哭它也哭。在很大程度上，心态往往决定了人生的方向。心态总是在无形之中影响着人们的思想和行为，具有神奇的力量。心态可以分为消极和积极两种。消极的心态使人们不思进取，懵懂度日，丝毫没有人生的方向；相反，积极的心态能够帮助人们奋发向上，乐于进取，赢得快乐、财富和成功。对生活的心态不同，人生的境遇也各不相同。

面对生活的坎坷和挫折，心态积极的人越挫越勇，最终战胜困难；心态消极的人悲观绝望，坐以待毙。由此可见，心态消极的人即使面对不值一提的小困难、小挫折，也会一蹶不振，而只有心态好的人，才能充分发挥自己的能力战胜困难，以灿烂的微笑迎接美好的生活。

众所周知，没有人的生活是一帆风顺、万事如意的，生活中，每个人都有坎坷和挫折。遇到困难的时候，抱怨非但无济于事，甚至还会起相反的效果，使人们更加委靡不振。倘若能够换一

## 第9章
### 内心强大，笑纳生活才能豁达宽广

种积极心态面对生活，生活也会报之以微笑，即使面对困难，也能够很轻松地化解。同样的困难，不同的人因为心态不一样，在眼中看到的困难也是不一样的。

1927年，美国阿肯色州的密西西比河大堤被洪水冲垮了，一个9岁的黑人小男孩的家也在洪水中毁于一旦。正当肆虐的洪水即将吞噬这个小男孩的一瞬间，他的母亲竭尽全力把他拉上了堤坡。

1932年，男孩从八年级顺利毕业，但他不得不到芝加哥就读初中，原因是阿肯色的中学不愿意招收黑人，但是他贫穷的家庭根本承担不起去芝加哥读书的高昂费用。就在此时，母亲做出了一个惊人的决定——让男孩复读一年。为了攒钱供养男孩读书，她整日为几十名工人做饭、洗衣。

1933年夏天，母亲千辛万苦地凑足了那笔学费，义无反顾地带着男孩踏上了开往芝加哥的火车。在芝加哥，男孩读书，母亲给别人家里当帮佣。男孩果然没有辜负母亲的期望，他以优异的成绩从中学毕业，之后又继续读完了大学。1942年，大学毕业后，男孩决定创办一份杂志，不过，当准备工作都做好了的时候，他们却因为缺少500美元的邮费而无法给订户发征订函。一家信贷公司愿意提供一笔抵押借贷，为此，母亲把自己分期付款买的一批新家具作为抵押，为儿子筹措到了启动资

169

## 心量
### 可以生气，但不要越想越气

金。要知道，对于母亲而言，这批新家具是她一生之中最心爱的东西，是她分期付款很长时间才买到的。

1943年，男孩创办的杂志获得了巨大的成功。现在，男孩终于可以圆自己多年以来的梦了：他把母亲列入他的工资花名册，并且让母亲终身享受退休职工的待遇，以后再也不用工作了。那天，母亲激动得泣不成声，男孩也哭了。

然而，好景不长，男孩的事业与生活双双陷入了困境。面对巨大的困难和阻碍，男孩觉得自己无力回天，他想选择放弃，并告诉母亲："妈妈，看来这次我真的无法扭转局面了，我注定要失败了。"

但是妈妈没有放弃，她问儿子："你已经尽力了吗？"

"是的。"男孩很沮丧。

妈妈还是不死心，接着问："真的已经尽力了吗？"

"是的。"男孩看着母亲。

想不到，母亲非常果断地结束了谈话，并且说："尽力了就好。不管什么时候，只要你尽力去做了，就一定能够获得成功。"

在母亲的鼓励下，男孩重新恢复了信心。果然，他有惊无险地渡过了难关，取得了事业上的成功。这个男孩就是美国《黑人文摘》杂志的创始人约翰森。经过努力，他不仅成了约翰森出版公司的总裁，而且拥有了三家无线电台。

## 第 9 章
内心强大，笑纳生活才能豁达宽广

面对事业的低谷，约翰森始终牢记着母亲的话"不管什么时候，只要尽力去做了，你就一定能够获得成功。"正是这句话，使约翰森重新树立了信心。不管面对怎样的艰难困境，他始终努力着，从不放弃。约翰森的经历告诉我们：命运在于搏击，奋斗就是希望。只有在放弃拼搏的情况下，才会彻底失败。

## 得失淡然，心胸广阔者不与自己过不去

在生活中，人们每时每刻都在面临着取舍，也就自然而然地出现了得失。通常，人们认为取就是得，舍就是失，却没有想过，世间的万事万物都要保持平衡，人也是一样的，必须有舍有得才能维持生存之道的平衡。要想拥有坦然淡定的人生，就要放下得失心。拥有豁达的心胸，做到"取所得时拿得起，舍所去时放得下。"面对得失的心境不同，很多人的人生也因此不同。倘若人们心胸开阔，能够坦然面对得失，那么，就能够在失去的同时获得很多的收获。反之，倘若人们心胸狭隘，总是患得患失，就会在无形之中失去很多美好的东西，就会离快乐越来越远。通常情况下，人们的心态不同，客观事物在人们心中折射出来的心境也是不一样的，从而决定了人们对待同一件事情也会做出截然不同的反应。

## 心量
### 可以生气，但不要越想越气

在阿尔及利亚，很多农民的玉米都被猴子偷吃过。特别是晚上，农民无法彻夜照看玉米地，因此玉米常常被猴子洗劫一空。刚开始的时候，农民们拿猴子一点儿办法也没有，后来，他们发现猴子有一个特点，即贪得无厌。因此，他们根据猴子的特点发明了一种捕捉猴子的有效方法。农民先在一只葫芦形的细颈瓶子中放入猴子最爱吃的玉米，把它们固定在一棵大树上，最后只需要静静地等着猴子上钩就可以了。

晚上，猴子们又来到玉米地里，他们发现瓶子里居然有玉米，非常高兴，不假思索地就把爪子伸进瓶子里去抓玉米。然而，它们却发现自己上当了。原来，这瓶子的妙处就在于猴子的爪子刚刚能伸进去，但是，等到它抓到一把玉米时，却怎么也抽不出来了。其实，只要猴子把爪子中的玉米撒开，就能把爪子从瓶子里抽出来了。但是，猴子太贪婪了，根本不舍得放开到手的玉米，这就导致它们的爪子怎么也抽不出来。因此，它们不得不守在瓶子旁边。直至次日早晨，农民抓住它们的时候，它们还在紧紧地抓着玉米不放手。

在这个事例中，那些猴子原本能够重获自由，但是却由于贪婪丧失了自己的自由，甚至生命。在生活中，有很多人也和这些猴子一样，为了满足自己无休无止的欲望而失去很多珍贵的东西。

## 第9章
### 内心强大，笑纳生活才能豁达宽广

1973年，一个来自英国利物浦市的青年考进了美国哈佛大学，他的名字叫克莱特。在大学生涯中，一个18岁的美国小伙子经常和克莱特坐在一起听课。渐渐地，他们越来越熟悉了，便成了好朋友。大学二年级的时候，由于新编教科书中已经解决了进位制路径转换的问题，因此这位美国小伙子和克莱特商议着一起退学，全心全意地开发32Bit财务软件。

听到这位小伙子的提议，克莱特大吃一惊。一是因为默尔斯博士才刚刚教了点Bit系统的皮毛知识，他认为必须学完整个的大学课程才能开发32Bit财务软件；二是因为他觉得大学学习是很严肃的，必须认真对待。为此，克莱特非常委婉地拒绝了那位小伙子的真诚邀请。

十年的光阴弹指即逝。十年之后，那位退学的小伙子在这一年进入了美国《福布斯》杂志亿万富豪排行榜；克莱特则成为哈佛大学计算机系Bit方面的博士研究生。1992年，那位美国小伙子的个人资产高达65亿美元，成为美国第二大富豪，仅次于华尔街大亨巴菲特。克莱特则接着刻苦攻读，拿到了博士学位。1995年，那位小伙子已经超越Bit系统，开发出了Eip财务软件，而直至此时，克莱特才认为自己已经具备了足够的学识研究和开发32Bit财务软件的能力。但是，那个小伙子开发出的Eip系统却比Bit快1500倍，仅用了短短两周的时间就占领了全球市场。在这一年，那个小伙子成了世界首富，

173

## 心量
### 可以生气，但不要越想越气

他的名字作为成功和财富代表传遍了世界各地——他的名字就是比尔·盖茨。

时至今日，比尔·盖茨的名字在大多数人们的心目中就像是一个奇迹。那么，他是如何创造奇迹的呢？在这个世界上，绝大多数人都认为只有具备了足够充分的准备才能开始创业，但是，比尔·盖茨的成功恰恰颠覆了这一点。很多人都是在知识不多的情况下直接瞄准目标，成就了一番事业，然后在创造过程中根据需要补充知识。但由于大部分人都为了准备得更充分，而错失了很多良机。比尔·盖茨中途从哈佛退学去创业，获得了巨大的成功。试想，如果他等到学完所有知识再去创办微软，还能抓住千载难逢的机会并成为世界首富吗？

毫无疑问，比尔·盖茨的选择使自己的人生走向了成功，他的成功取决于他能够不计较得失，遵从自己的内心，做出正确的选择。放下是人生的大境界，是一种超然、一种解脱。人生赢在拿得起又放得下，这才是真正精彩的人生。著名作家贾平凹说过："会活的人，或者说取得成功的人，其实懂得了两个字：舍得。不舍不得，小舍小得，大舍大得。"其实，很多人都面临人生的众多选择，要想无怨无悔地生活，就要放下得失心，勇敢地面对自己的人生。

# 第9章
## 内心强大，笑纳生活才能豁达宽广

## 自私狭隘，人生路也越走越窄

人生既有坦途，也有泥泞，甚至还有很多看似难以逾越的鸿沟。每一个人，都行走在人生的路上，既要应对脚下或崎岖或坎坷的路，也要面对无法预知的未来。对于大多数人来说，生活中最难以面对和接受的就是失败和失去。生活中，几乎每个人都有各种各样的欲望，希望得到一些梦寐以求的东西。因此，我们为了成功而不懈地奋斗着，从来不愿意停下自己的脚步，即使已经非常疲劳了，而一旦没有像预期的那样取得成功，我们往往很难面对失败。生活中，既有得到，也有失去。有些失去我们能够坦然面对，有些失去却让我们难以释怀，诸如失去名利，失去亲友，失去最在乎的一段感情等。很多时候，人们之所以痛苦纠结，就是因为无法平心静气地面对一切。对于人生的风风雨雨，我们应该欣然接受。只有这样，才能使自己的人生之路走得更加从容淡定。

其实，成功和失败并不像人们所想象的那样水火不容，而是一个事情的两面。它们既对立又共存，是一个有机的整体。在某一段时间内，你会觉得自己一帆风顺，不管做什么事情都很顺利，所以很容易就成功了。这个时候，如果你骄傲自满、疏忽大意，失败会给你沉重的一击；反之，也许你有的时候觉得自己万事不顺，不管做什么事情都一波三折，然而只要坚持

## 心量
**可以生气，但不要越想越气**

下去，终有一天你会获得成功。因此，成功和失败只是现实的两个概念罢了，并没有具体的定义和标准。在做一件事情的时候，人们往往会根据自己的感受作出成功或者失败的评价。其实若能够换一个角度来看，失败也是一种宝贵的经验和财富。在失败的过程中，人们更加深刻地感悟到了人生的真谛，并且还能收获宝贵的经验。

有时，失去恰恰意味着一种得到。我们失去了无忧无虑的童年，却得到了意气风发的青年时代；我们失去了一段感情，却得到了很多对于感情的感悟和体验；我们失去了年迈的长辈，却迎来了新的生命，一代又一代人正是如此传承的。世界级小提琴家帕格尼尼用苦难的琴弦把音乐演奏到极致；德国的伟大音乐家贝多芬在听力完全丧失以后创作了杰出的乐章；俄国的伟大诗人普希金，在受到沙皇压迫远离家园的境遇下完成了杰出的诗作。在苦难接踵而至的时候，他们为什么会有这样辉煌的成就呢？答案其实很简单，就是因为他们有一颗平常心，不计较利害得失。一位名人曾经说过："人们最杰出的成就往往是身处逆境时做出的。思想上的压力，甚至肉体上的疼痛，都有可能成为人们精神上的兴奋剂。"只要勇敢地面对，"残缺"就是可以战胜的。当然，人生中需要面对的事情远远不止这些，而不管面对什么，只要我们能够摆正心态，欣然接受这一切，就能够从容地走好人生之路。既然无法逃避，那么就选择坦然

## 第9章
### 内心强大，笑纳生活才能豁达宽广

面对。

海伦·凯勒一岁半的时候，突发急性脑充血病，连日高烧，昏迷不醒。当她苏醒过来，却失去了自己的视力、听力和语言能力。从此，她坠入了一个无声的黑暗世界，陷入了深深的痛苦之中。

虽然一个人在无声、无光的世界里，几乎不可能与他人进行有声的交流，但是，海伦并没有放弃希望，而是依靠自己的顽强努力创造了一个奇迹。为此，她付出了常人难以想象的艰辛。

1894年夏天，海伦出席了美国聋哑人语言教学促进会，并且到纽约赫马森聋哑人学校学习数学、自然、法语、德语。在很小的时候，海伦就自信地说："终有一天，我要去大学读书！我要去哈佛大学学习！"这一天终于到来了。为了安排海伦入学，哈佛大学拉德克利夫女子学院以特殊的方式为她安排了考试。历时9小时，海伦顺利地通过了各科考试，其中，英文和德文取得了优等成绩。海伦终于如愿以偿地开始了大学生活。

1904年6月，海伦以优异的成绩从拉德克里夫学院毕业。又过了两年，她被任命为马萨诸塞州盲人委员会主席，开始为盲人服务。在繁忙的工作中，海伦勤于写作，先后完成了14部著作。她的很多著作都在世界范围内产生了影响，诸如《假

177

## 心量
### 可以生气，但不要越想越气

如给我三天光明》《我生活的故事》《石墙之歌》《走出黑暗》《乐观》等。海伦的最后一部作品是《老师》，在创作这本书的过程中，她搜集了20年的信件和笔记，但是，这所有东西和四分之三的文稿却都在一场火灾中付之一炬，布莱叶文图书室、各国赠送的精巧工艺礼品也和它们一同被烧毁了。假如换一个人，很有可能会心灰意冷，但是海伦却没有。她非常坚强，痛定思痛，默默地坐到了打字机前，再次开始了艰难的创作之路。10年之后，海伦完成了书稿。她非常欣慰，把这本书作为一份厚礼献给安妮老师。

1956年11月15日，海伦用颤抖的手揭开了竖立在美国波金斯盲童学校入口处的一块匾额上的幕布，上面赫然写着："纪念海伦·凯勒和安妮·苏莉文·麦西。"对于海伦，著名作家马克·吐温评价道："19世纪出现了两个伟大的人物，一个是拿破仑，另一个就是海伦·凯勒。"

毫无疑问，海伦·凯勒之所以能够成就自己的人生，正是因为她坦然地面对了命运所赐予她的一切，不管是幸运还是不幸。作为常人，很难想象一个人怎样生活在无边的黑暗之中，而且是一个无声的世界。然而，就是在这种不可能的情况下，海伦不仅完成了自己的学业，还创作了很多具有影响力的著作。与海伦相比，我们显然要幸运得多。但我们之中的很多人却无法做到像海伦那样坦然地面对生活。因此，我们应该向海伦学习，欣然接受命运所赐予我们的一切。

虽然我们无法改变命运，但是我们可以改变自己，怀着一颗平常心，从容地做人做事。既然无法改变命运的安排，就要学会接受，坦然地面对生活。

## 消逝而去的，就让它逝去吧

从出生开始，每个人就开始创造自己的历史。对于生活一帆风顺的人而言，历史相对简单一些；对于经历坎坷的人而言，历史则相对更加复杂。那么，我们是否要像史学家一样，把自己的历史编成一本厚重的书时时牢记呢？答案是否定的。有些历史需要牢记，有些历史恰恰需要忘记，这样人生才能轻松前行。假如把所有的人生经历都不加选择地牢牢记在心上，那么，人生就会背上沉重的负担，很难轻松快乐地生活。

很多人用流水来比喻人生，因为人生是不可逆转的。即使你牢牢地记住那些不开心的事情，也无法改变什么，只能徒增烦恼。与其记住烦恼，不如记住快乐的点滴，这样最起码在想起来的时候能够开心地笑一笑。其实，不管我们多么努力，都无法使自己的人生摆脱缺憾和不如意。但是，我们可以改变自

## 心量
### 可以生气，但不要越想越气

己面对这些事情的心态。生命中或悲或喜的瞬间，等到经历之后再回首，会发现他们只是沧海一粟，根本不值一提。虽然我们要学会珍惜生命中的每一个经历，但是也要学会适当地遗忘，要知道，有舍才有得。对于那些使我们痛苦不堪的记忆，在吸取了经验和教训之后，最好选择让它随着时间流逝，切忌死死抓住这些事情不放手。否则，只会使自己一次次地陷入痛苦的深渊，无法自拔，而且会影响现在的生活，使你因此而失去更多的东西。

面对人生的坎坷挫折，面对情感的起起落落，什么是我们应该坚守的，什么又是我们应该放弃的？对于这个问题，答案在每个人的心中，因为只有我们才知道自己最需要的是什么。然而，不管我们曾经经历过怎样的过往，都应该学会放弃，学会彻底摆脱各种各样的羁绊和纠缠，这样才能全心全意地继续现在的生活。只有挣脱昨日的束缚，才能使心灵更加纯粹地去迎接崭新的生活。

面对生活中的风风雨雨，怎样才能让自己始终保持一颗坚强的心呢？要想变得坚强，就要保证不管身处何种境地，都能够保持良好的心态。面对生活的苦难，假如没有良好的心态，就很容易被打垮，甚至一蹶不振。反之，倘若能够积极乐观地面对生活，坚持不懈地努力，即使是再大的坎，也能够迈过去。要记住，不管什么时候，"精神支柱"都是人生中最宝贵的。

## 第9章
### 内心强大，笑纳生活才能豁达宽广

　　精神的力量是很强大的，能够支撑我们坚定不移地走下去。为了得到外界的支持和鼓励，我们可以经常与身边的朋友交流，还可以阅读一些名人的事迹，获得人生感悟。在遭遇困境的时候，不妨读一读海伦·凯勒写的《假如给我三天光明》，从这本书中，我们可以获得很多的人生激励。在遭遇挫折时，不妨读一读《钢铁是怎样炼成的》，学习一下保尔·柯察金顽强不屈的精神。在这些榜样的引导下，我们一定能够使自己变得更加坚强，从而用更充足的信心来面对人生的风风雨雨。

　　在人生的长河中，昨天已然成为历史，明天还没有到来，对于任何人而言，唯一能够把握的就是今天。面对生活，积极的人活在当下，抓住每一分每一秒，好好地活着，悲观的人活在过去，总是沉浸在对过去的回忆之中，导致昨天经历的失败成为今天前进的绊脚石。尽管过去对于每个人来说都是一种很重要的经历，但是即使我们再怎么懊悔沮丧，过去也已然成为无法改变的历史。所以，我们要学会从过去的经历中汲取经验，努力地开始新的生活。

## 吃亏是福，做人不必太计较

　　常言道，"宰相肚里能撑船"，就是形容人的心胸比较开

## 心量
### 可以生气，但不要越想越气

阔，有容人之量。其实，不仅宰相要有大肚量，普通人同样也要有大肚量。尤其是对现代人来说，岂止是要肚子里能撑船呢。生活很难一帆风顺，事事顺利，每个人都难免会遇到脾气秉性、兴趣爱好不同的人，这就要求我们必须有开阔的心胸，能够真诚地接纳他们，与他们友好相处。任何人都喜欢与心胸开阔，能够容人的人交往。有修养的人，才能具有容人的美德。凡事都是相对的，只有你能容人，别人才能容你。因此，在人际交往中，最忌讳的就是心胸狭隘。心胸狭隘的人最终会失去所有的人脉，使自己陷入孤苦伶仃的境地，进而失去成功的机会，使他们生活的圈子越来越狭小。

心胸狭隘的人妒忌心往往比较强，他们争强好胜，而且看不得别人过得比自己好。然而，一个人不可能处处都比别人强。纵观历史长河，凡成大事者，都是善于借力的人。他们知道一己之力是有限的，因此非常善于利用周围的人脉。诸如刘备、曹操等，他们都善于任用某方面能力比自己强的人。正是因为这样，他们才能获得超越普通人的成功。

李杰和周山是某家电脑公司的销售部专员，专门负责销售电脑。他俩先后进公司，业绩都比较突出，工作表现也很出色。不久，公司的销售主管升职了，所以公司需要再提拔一个销售主管。无疑，李杰和周山是比较适合的人选，因为他们不仅销售业绩好，而且都是学市场营销专业的。而其他的销售人员，有的资历不如他们，有的业绩没有他们好，还有的进入公司时间太短。为此，李杰和周山都瞄准了销售主管的位置，暗中较量。

渐渐地，公司里传出来风声，说是李杰在上大学期间曾经因为学习成绩不好而被劝退一次。李杰听到这个消息后非常气愤，他想不明白是谁这么无聊把这件事情揪出来说。对此，领导也专门找李杰谈话，李杰非常坦然地说："我不能否认这件事情，因为我上大学期间的确有一段时间非常贪玩。不过，后来我很认真，不仅以优秀的成绩修完了所有课程，还考了相关的资格证书。"后来，李杰还把自己的成绩单和证书拿给领导看，并且向领导表明了自己的决心："不管是当销售主管，还是作为一名普通的销售员，我都会全力以赴地专心工作。"

后来，领导也暗中调查这件事情。当领导知道风声是从周山的口中传出来后，对周山的人品产生了怀疑。因此，领导果断地把周山从销售主管候选人的名单中移除了。一个星期后，领导宣布由李杰担任新任销售主管。

其实，在竞争销售主管的过程中，周山的机会原本是和李杰一样的。但是，正是因为周山为了竞争采取了不正当的手段，所以才会导致领导对周山产生了不好的看法。这就是典型的偷鸡不成蚀把米。假如周山能够以实力与李杰公平竞争，而不是去翻旧账，也许新任销售主管就是周山。

在生活中，每个人都面临着很多诱惑，也会面对很多激烈的竞争。不管是出于什么目的，我们都要端正心态，以开阔的心胸待人，心胸狭隘的人是很难成功的。《法句经》中说："深渊水清，如静。"真正有智慧的人，即使面临重大选择，也能冷静果断地作出判断，顺利地渡过难关；反之，愚蠢的人则目光短浅，只盯着眼前的利益，一旦面临抉择，就手足无措。要想拥有容人的雅量，就要处变而不惊，以不变应万变，以宽容对狭隘，以礼貌谦恭对冷嘲热讽，对待任何事情都能一笑置之，而不是喜怒形于色。如果你渴望成功，就必须克服心胸狭窄的短板，这样人生的道路才能越走越宽。

## 福祸自便，能看开就能坦然面对

所谓人生百味，指的是人生有各种各样的滋味，或者幸福，或者不幸，或者高兴，或者沮丧……在人生的道路上，在幸福之余，总是伴随坎坷和挫折，很难一帆风顺。因此，人们常说，人生不如意十之八九。当遇到挫折的时候，最重要的是要有一颗坦然面对挫折的心。要知道，对于身处困境的人而言，一味自艾自怨是无济于事的，只会导致事情更加恶化。反之，假如

## 第9章
内心强大，笑纳生活才能豁达宽广

我们能够采取积极的心态，坦然地面对，就能够找到摆脱困境的方法。

很多时候，祸和福只是人们内心对于客观外物的感受，并没有一定的标准。同样一件事情，对于有的人来说是一种人生的历练，对于有的人来说则是难以逾越的鸿沟。很多时候，祸和福是可以相互转化的，老子说："祸兮福之所倚，福兮祸之所伏。"意思就是说祸与福是对立而又统一的，它们互相依存，在某些情况下可以互相转化。换言之，坏的事情未必一定能够引出坏的结果，好的事情也有可能导致坏的结果。既然人生是如此无常，我们就要锻炼出强大的内心，坦然面对生活中所谓的祸和福，这样才能使自己迎来更多的福气，也才能使祸更多地转化成福。自古以来，就有很多名人在灾祸面前镇定自若，坚持不懈，最终使祸衍生出好的结果。贝多芬虽然双耳失聪，但是他丝毫没有放弃，仍然谱写出了《第九交响乐》；霍金虽然身患重症，但是却坚持不懈地探究宇宙奥秘；大文豪苏轼被贬黄州，人生陷入了低谷，他却始终积极乐观地生活……从他们的身上，我们不难发现，很多时候，只要采取坦然的心态、欣然的态度，人生的绊脚石就有可能变成垫脚石，助我们走上人生的一个新的台阶。

张华已经46岁了，是一家公司的部门主任。2008年金融

### 心量
**可以生气，但不要越想越气**

危机席卷全球，他们公司也难逃厄运，因此进行了大规模的裁员，张华也在裁员的名单之中。刚刚知道这个消息的时候，张华不免灰心丧气。要知道，他的女儿正在读大学，每年都需要交学费。如今，他却下岗了，全家一下子失去了生活来源。整整两个月的时间里，张华都一蹶不振，无法面对自己下岗的事实。他每天都躲在家里不出去，生怕街坊邻居们问自己为什么没有去上班，但生活总是要继续的。突然有一天，张华在电视上看到了一个关于下岗职工创业的电视节目，他看完之后幡然醒悟，意识到自暴自弃只会给自己和家人带来更大的伤害。

经过半个多月的考察后，张华发现自家小区周围缺少一个卖早点的摊位，小区的人们早晨想去外面买早点，都要走很远的路。因此，他回家以后精心研究各类早点的做法。过了半个多月，张华的早点摊位顺利开张了。因为周围住的都是老街坊老邻居，所以大家都很信任张华，来张华的早点摊解决早饭问题。果不其然，张华的早点摊生意非常好，他和妻子两个人根本忙不过来，不得不又雇佣了两个服务员。半年下来，张华的生意已经非常稳定了，因为有老客户的长期支持，他们的收入甚至比上班的时候更高了。

如今的张华每天都笑呵呵的，虽然累点儿，但是心里却十分高兴。他和妻子商量，再干一两年的早点摊位，积攒一些资金，然后就在附近租个门面房开饭店，早晨卖早点，白天开饭店，两不耽误。面对生活的美好前景，他们更有信心了。

和张华比起来，与他一同下岗的李明则没有那么幸运。虽然下岗已经一年多了，但是李明的状态仍然和张华刚刚下岗的时候一样。每天李明都怨天尤人，始终纠结于自己为什么下岗了，更不知道未来的道路在何方。因为李明下岗之后始终没有信心，消极地逃避，因此他一直没有找到合适的工作。在李明失去经济来源的情况下，他的孩子不得不高中毕业就出去打工，连大学都没有上成。为此，李明的爱人天天和李明吵架，家里也没了往日的幸福。

同样是下岗，为什么李明的命运和张华相差如此之大呢？原因就在于他们对待下岗的态度不同。张华也消沉过一段时间，但是他很快找到了人生的方向，而这种幸运取决于他本身的乐观心态。相比之下，李明的命运其实并不是简简单单的"倒霉"二字就可以概括的，倘若不改变消极悲观的心态，他就很难从下岗的阴影中走出去。由此可见，只有坦然面对生活中的不幸，才能战胜困难，让灾祸转化成福运。

# 第10章

## 韬光养晦，实力不佳时要学会保护自己

现代社会是竞争型社会，我们要想脱颖而出，就必须要懂得表现自己。但你如果想表现自己，让别人承认你，也应该选对时机。当你羽翼丰满时、情况紧急时，搏击长空的你才会更令人信服。

心量
可以生气，但不要越想越气

## 谦逊为人，乐于接受批评建议

唐太宗李世民说过："以铜为镜，可以正衣冠；以古为镜，可以知兴替；以人为镜，可以明得失。"贞观之治乃至大唐盛世的出现，可以说是因为太宗听得进魏征的逆耳忠言。然而，在历史上，能虚心接受批评的帝王并不多。正因如此，他们常亲小人远贤臣，最终落得凄惨悲凉的下场。可见，批评是一门艺术，然而接受批评更是一种气魄。人无完人，任何人的能力、品质都需要不断的完善，而通常情况下，人们对自己的缺点和不足都没有客观正确的认识。如果我们能虚心接纳别人的批评，我们便能不断地完善自己。

郭满的专业是工程估价，毕业后就在一家建筑公司做起了估价员。五年后，他凭借出色的表现很快升为了这家公司的工程估价部主任，专门估算各项工程所需的价款。当了领导后的郭满似乎没有了当年的热情。

有一次，他的一项结算被一个核算员发现估算错了2万元。

## 第10章
### 韬光养晦，实力不佳时要学会保护自己

老板便把他找来，指出他算错的地方，请他拿回去更正，并希望他以后在工作中能够细心一点。

郭满不肯认错，也不愿接受批评，反而大发雷霆。他责怪那个核算员没有权力复核他的估算，更没有权力越级报告。

老板见他既不肯接受批评，又认识不到自己的错误，本想批评他，但因他平时工作成绩不错，只严肃地对他说："这次就算了，以后要注意。"老板说这句话的时候，脸色已经变得阴沉了。

过了一段时间以后，郭满又有一个估算项目被查出错误，这次他又像前次那样态度很恶劣，并且还说是那名核算员有意跟他过不去，故意找他的碴儿。直到其他专家重新核算之后，他才发现自己确实错了。

这时老板已经忍无可忍了："你还是另谋高就吧，我不能让一个永远都不认错的人来损害公司的利益。"

这则案例中，郭满为什么会被老板炒鱿鱼呢？原因很简单，任何一个领导都希望自己的下属能把公司利益放在第一位，当工作中出现失误的时候能主动承认，为自己的失职负责。而实际上，即使我们真的为公司带来了某些利益的损失。只要我们认错态度良好，一般情况下，领导是不会为难我们的。相反，他们会主动协助我们尽量将失误带来的负面影响降到

## 心量
### 可以生气，但不要越想越气

最低。

俗话说："当局者迷，旁观者清。"我们在生活、工作、学习中，有时会遇到挫折、失败乃至磨难。有些人会怨天尤人，牢骚满腹，很少有人能第一时间找到自己的主观原因。当有人指出错误，提出批评的时候，我们常常会有这样的想法：他怎么老是看我不顺眼？这个人真是讨厌，处处跟我作对，更有甚者会对其进行攻击甚至报复。这样，我们自身的缺点不仅得不到完善，错误得不到改正，还会理所当然地肯定自己，最后后悔莫及。

其实，不妨反过来想想，此人毫不留情地指出你的失误和不足的地方，这又能说明什么问题呢？可能是你真的存在需要改进和完善的地方，你还做得不够好，以至于得不到别人的认可和赞赏，还需要自我检讨和反省。而这些需要改进的地方不是我们随随便便就能意识到的，成功并没有那么简单。

假如领导对你的工作提出了批评，那么，你首先要有一个良好的认错态度，并认识到自己的过错，并在此基础上虚心接受他们的指导。因为工作中如果出现了失误，证明我们在处理问题时确实存在某些问题，而领导毕竟是过来人，有着我们所缺乏的工作经验教训。欣然接受领导的批评，不仅能提高我们的工作能力，还能获得领导的好感。

能听进去别人的批评，然后从自身找问题，发现自己的不

# 第10章
## 韬光养晦，实力不佳时要学会保护自己

足之处，积极地虚心接受和改正，并不断地完善自己，这将会是你一生中宝贵的财富。

在我们的成长过程中，有人批评并非坏事，有人这样对你，说明你有提升的空间。所以，当别人批评你时，千万不要为此不悦，而是应该欣然接受，因为他指出了你现在正处于什么样的位置，你应该怎样做才能更好。很多人都不愿意接受别人的批评，或者不敢直面别人的批评。其实，有了这些批评，你的进步会更快，你更能清晰地认识自己。对于这样的收获，我们应该向批评我们的人表示感谢。从这个角度出发，你会意识到是折磨你的人让你醒悟，你便可以重新认识自我、审视自我。那么，对方也会对你刮目相看，你的人际关系也会更加融洽。

## 尊重他人，才能换来尊重

"你敬我一尺，我敬你一丈"，这是一种低调为人、讲义气的行事原则。的确，尊重别人是一种美德，受到别人尊重是一种幸福。但尊重是相互的，我们若希望得到他人的尊重，就要先尊重他人。为了个人的目的不惜损害他人的利益，是一种不道德不可取的行为。尊重是最起码的做人准则，更是一种谦

## 心量
### 可以生气，但不要越想越气

逊为人的体现。相反，不知道尊重别人，逞一时之快，自私自利的人，是不会受到大家的欢迎与认可的。

一天，唐伯虎游玩西湖时又累又饿，便在西湖边某酒楼里吃了一顿午饭，但当他找来店小二准备结账时，发现身上的钱袋居然丢了。唐伯虎当时就急出一脑门子汗，啪的一声打开了手中的扇子紧摇慢扇，看到扇子他来了主意："就凭我的画，这把扇子怎么不抵几个酒钱？"没想到，店小二根本就不认识唐伯虎，对他的纸扇更是不识货，便说老板不在，做不了主。唐伯虎一时来了气："嘿，我还就不信变不了现了！"他吆喝起来："谁买扇？"

邻座有个很富态，一看就是富商的胖子一把拿过扇子，看了几眼说："画的什么呀这是？现代不现代，前卫不前卫，一文不值。"便随手扔在地上，唐伯虎此时相当不快。

一个知识分子模样的人在一旁实在看不下去了：人家没钱也不能欺负人嘛。便过来捡起扇擦拭起来，他本意是打算接济一把这位食客。忽然他眼睛一亮："这不是唐伯虎的墨宝吗？"再看唐伯虎，果真气质显得与众不同，一派文人风范，器宇轩昂。这位知识分子激动而又敬仰地感叹道："这位就是江南第一风流才子唐伯虎！"所有人都惊喜不已，开始争购伯虎之扇。

唐伯虎的自尊心得到了极大满足，他说："这扇子我谁都

## 第10章
### 韬光养晦，实力不佳时要学会保护自己

不卖，只给他！"

受宠若惊的知识分子连忙笑着说："我这兜里只有10两银子，买不起！"唐伯虎说："别，别，我只收您5两，多了还不要。"

一旁的富豪看到此景，才知道刚才自己有眼不识泰山，错失了大师的佳作，于是赶忙邀请唐伯虎入席，同饮美酒。

喝了一会儿后，富豪对唐伯虎说："先生能将刚才那把扇子卖给我吗？我愿出千两黄金。"

唐伯虎摇摇头，起身欲走。谁知那富豪竟耍起赖道："你吃了我的，喝了我的，就白吃白喝啦？"

唐伯虎哪里会上他的当，说道："是你请又不是我要吃，吃了不就白吃？"说完，周围的人都笑了。

富豪胡搅蛮缠，非要唐伯虎留下画作才能离开，唐伯虎碍不过，只得挥笔作画一幅，然后大步离去。富豪拿起画作一看，顿时气得两眼冒火。原来唐伯虎给他画的是一只王八，还在旁边题了一行字：人敬我一尺，我敬人一丈，敬人者，人亦敬之；不敬人者，当以其人之道还治其人之身。

唐伯虎的故事给了我们一些启发：人与人之间要互相敬重，弱势的人也有人格，也可能在某一天，对方会给自己更有意义的回报。

总之，尊重别人不代表懦弱，蔑视别人也不能表示强悍。在人与人之间的交往中，需要理解、信任与尊重。你对他人的尊重必当换来他人同样甚至更多的"回敬"。

人与人之间的交往原本也是一场游戏，游戏自有游戏的规则，想要和谐相处，闯关成功，就必定要遵循这一场场游戏的规则。如果有人最先破坏了这一规则，那么必将在这场游戏中首先出局。其实尊重别人很容易，尊重了别人，别人也会尊重你。即使你不喜欢对方，也应尊重他的观点。受到帮助不妨谦逊，说声"谢谢"，做了错事说声"对不起"。尊重他人，其实也是尊重自己。

## 不卑不亢，更易赢得他人的信任

不卑不亢，赢得尊重，想要别人怎样对待你，你就怎样去对待别人，这是赢得尊重的好方法。身处社会就必须要与人打交道，谦逊待人固然重要，但绝不可低三下四、一味地奉承。

三人行必有我师，很多时候，与我们打交道的人可能在某方面强过我们，因此要做到有礼貌谦逊。但是，绝不能采取"低三下四"的态度。绝大多数有见识的人，对一味奉承、随声附和的人，是不会予以重视的，也不会予以信任。在保持独立人

## 第10章
### 韬光养晦，实力不佳时要学会保护自己

格的前提下，应采取不卑不亢的态度。

在一家公司，有两个员工，有两种明显不同的行事作风。一个是营销部总监李丰，一个是广告部总监王爽。

李丰是公司的元老，为公司的发展立下了汗马功劳，老总也很器重他，把他从一个普通职员升到了营销总监的位置。可是，自从当上了营销总监，他便开始骄傲。他认为自己在营销方面的才能无人能敌，于是大小事不再向上级汇报，而是擅自做主。为了树立威信，他不仅对下属严厉苛责，也时常与领导发生冲突。员工们背后都议论他"倚老卖老"，怨言很多。领导虽然有万般不舍，还是"挥泪斩马谡"，委婉地劝他离开。

而王爽在公司任职的时间远远没有李丰的时间长，而他和李丰就不一样。在公共场合，他从来都不反对上级领导的意见，但如果领导的想法确实有错，他会私底下表达自己的想法，给领导决策提供参考。这样，王爽很快就取得了领导的信任和支持，到公司才一年就当上了广告部总监。

李丰和王爽之所以有不同的职场命运，与二人的说话、做事方式有很重要的关系。李丰虽然是公司老员工，但无论对下属还是领导，都显得过于张狂，无奈之下，领导只能将他开除。

## 心量
### 可以生气，但不要越想越气

而王爽的做事方法给足了领导面子，但当领导做出错误决定时，又能主动委婉地提出建议，不卑不亢，这才是一个下属应该有的说话态度，自然会得到领导的重用。

在职场，任何藐视上司的言行都是一种禁忌。无论你是谁，无论你对公司来说多重要，这样的行为都将为你的职业生涯带来危机。而与上司争吵辩论更非明智之举，它将破坏你的形象，并且使上司疏远你。所以，要想获得上司的信任，首先要尊重他。但尊重领导，并不意味着你要对领导唯命是从，低声下气。

事实上，不仅是职场，我们在任何场合与人打交道，要想取得对方的信任，都要做到不卑不亢。孟子拜见过许多诸侯，在《孟子·尽心下》中记录了这样的一句话："说大人，则藐之，忽视其巍巍然。"这句话的意思是说，不管对方地位多高，身世多显赫，在和他对话时，你也不要刻意显出低姿态，不卑不亢才是最好的对话态度。

某报著名编辑想向某位大作家约稿。听说这位作家很高傲，于是拜访的时候，编辑只字不提约稿的事，只是和他聊天。

在双方交谈甚为融洽之时，编辑突然问："先生，听说你最近写的一部长篇小说在国外很畅销，有这回事吗？我读过不少您的作品，但你的作品手法巧妙，这本书也能翻译成其他文

## 第 10 章
### 韬光养晦，实力不佳时要学会保护自己

种吗？"

这位高傲的作家听到这句话，心中很是乐不可支，态度也不再那么傲慢了。他说："是有这回事，翻译倒是可以，只是辛苦了翻译及编辑人员。"两人于是开始兴致勃勃地谈论起了文学作品。

而几十分钟后，作家亲口答应当天就给这位编辑一篇文章，编辑高高兴兴地拿回去交差了。

在这个案例中，编辑采用的是特殊的说话策略。由于名人都有一些对赞扬的需求，有高人一等的优越意识，因此编辑利用这一点，实现了顺利的沟通。

要做到与人交往不卑不亢，需要我们做到以下几点。

1. 摆正位置，以示真诚

准确把握双方关系，给予以相应位置，充分表现出对他的尊重。比如，对于某嘉宾的到场，我们可以说："感谢您百忙之中抽出时间来参加我们的活动。"这是合乎现实的，不仅不会损害自己的"身价"，而且会取得名人嘉宾的信任。

2. 消除心理障碍，尊重与严谨并存

有些人在与他人交谈时心理上难免有障碍，如果不敢正视对方，让对方始终以压倒性的姿态占在上风，就容易让自己一直处于劣势之中。因此要消除心理障碍，学会主动交谈，尝试

199

主动地走上去，说："您好！欢迎您加入本次交流会。"

3.态度自然，不卑不亢

知名人士一般会在地位、阅历或者学识上高我们一等，与他们交往，常令我们对他们肃然起敬。但这更意味着我们要态度自然、不卑不亢地与之说话，自我贬低会无形中降低我们的身份。

总之，与人交往，内心的尊重才是真正的尊重，只有在心理上有尊重对方的想法，才可能做出尊重对方的行动。所以，必须牢记："每个人在人格上都是平等的。"不要因为看不起人就在沟通上有着轻蔑的口气，也不能是当着对方一套，背地里又有一套，那样迟早会被对方发现，因此失去了对方的信任。不卑不亢，才是赢取他人信任的最好方法。

## 言多必失，避免轻易暴露自己

在古人看来，"大智若愚"是人际交往中的重要策略，真正聪明的人有才不外露，即使有大智慧、大志向，也不必昭告世人，暴露会让你成为别人进攻的"靶子"，隐晦才能帮你引开敌对的目光。

生活中，总是有一些人，他们的情绪几乎没有任何波动。

## 第 10 章
**韬光养晦，实力不佳时要学会保护自己**

无论别人说什么，做什么，好像都与他没有什么特别大的关系，即使遇到一些令人愤慨的事，他们也是睁一只眼闭一只眼。这种低调行事的人，其实才是真正的智者。

很久以前，有两个部落发生了战争。一个部落被另一个部落打败，胜利的部落首领决定杀死被打败部落里 10 岁以上的所有男性族员，但有一个 14 岁的男孩却幸免于难。

这个男孩虽然已经十几岁了，但看起来很傻、很愚钝，当首领将矛刺向他的时候，他仍然傻乎乎地看热闹，好像不知道对方是为杀他而来的，他不知求饶，更不知反抗和逃跑。于是，另外一名士兵动了恻隐之心。这个男孩便幸存下来了，他与其他 10 岁以下的男童，被当作未来的奴隶留在部落。

但事实上，这个男孩并不是什么傻子，非但不傻，而且智慧超群，最终在他 29 岁的时候，他率领本族人杀了他的仇敌，为他的族人报了仇。

可以说，这个小男孩就是因为隐藏好了内心，混淆敌人的视听，才令自己生存下来。试想，如果不是他当初装出很愚钝甚至傻乎乎的样子，早就被杀死了，哪来以后的报仇雪恨？可见，在与人交往的时候，适当地掩盖自己的实力，可以避开对手的目光。因此，我们也应该明白，在实力薄弱或者不了解对

### 心量
#### 可以生气，但不要越想越气

方的情况下，只有学会隐藏自己，才能规避很多风险。

古今中外，过分张扬、锋芒毕露之人，不管功劳多大，官位多高，最终多数不得善终，这是血的教训。卖弄自己的本事和与众不同的地方，很可能会招来别人的厌恶，甚至可能会为此付出惨痛的代价。而如果能懂得保护自己，迎合别人的需要说话做事，则会省去很多麻烦，职场中那些言语不多，但却能一鸣惊人的人，往往都很低调，他们一般都默默做好自己的工作，很少与别人发生矛盾。

曾经有人做了这样一项调查研究：他研究的对象是一批受过训练的保险推销员。这位科学家把保险推销员中业绩最好的 10% 和成绩最差的 10% 做了对比，二者的业绩相差确实很大。受过同等训练的人，为什么会产生如此大的差异呢？科学家又针对他们在推销时的说话时间作了调查研究，结果发现：业绩差的人，每次推销时的说话时间累计平均为 30 分钟，而业绩最好的那一部分人，每次推销时的说话时间累计平均只有 12 分钟。

为什么只说 12 分钟的推销员取得的业绩却比说 30 分钟话的人更好呢？其实道理很简单，正因为他们说得少，所以他们听顾客的想法也就更多了。而在他们倾听的过程中，就会获得很多对于推销很有用的信息。并且，他们在倾听的同时，也可以思考、分析顾客各方面的信息，然后，他们就可以针对顾客的各种疑惑，揣测顾客内心的想法，从而找出解决问题的方法，这样一来，自然而然就会创造出更好的业绩。

## 给他人机会，其实也是给自己机会

无论是谁，都避免不了这两件事：一为说话，二为做事。无论说话还是做事，都必须既有条又有理。其中的条理，即为"度"的把握，中国人有句极具哲理的话："话不说满，事不做绝"，这句话的含义是，为人处世要低调，要把握好分寸，很多时候，给他人留有机会，也就是给自己拓展空间；而做人太嚣张、对他人赶尽杀绝，也无疑是断了自己的退路。

有一群水牛，其中有一头雄壮而温顺的公牛被尊为水牛王。有一天，水牛王带牛群外出觅食，遇见一只顽猴挑衅，还向水牛王抛掷石块。水牛王见状不仅不怒，还制止其他牛的反击。树神看到后不解地问水牛王为什么要这样懦弱。水牛王回答："彼轻辱贱我，又当加施人；彼人当加报，尔乃得牲患。"过了一会儿，有一伙人经过这里，那只猴子又故伎重演，打了他们。结果，被人抓住，痛打致死。

## 心量
**可以生气，但不要越想越气**

这则小故事中，水牛王是有远见的、聪明的，他用低调换来了和平。而猴子是无知的，他偏要去招惹人们，无疑是拿石头砸了自己的脚，而这更应验了水牛王的话，"彼轻辱贱我，又当加施人；彼人当加报，尔乃得牲患。"

这个故事告诉我们，为人不可太狂妄，更不能欺人太甚、以强凌弱，给别人留后路也就是给自己留退路。有时受欺者貌似软弱，实际上是胸怀宽广，不与之计较。当你受气之后，不必忿恨不已，更不要冲动地做出让自己后悔的事。

明代，在姑苏城里，有个姓尤的老翁，开了间典当铺，生意很好。因为老翁是个心地善良的人，谨守"低调做人，和气生财"的信条做生意，所以常被周围的人称赞。

有一年年底，尤老翁在店铺里面盘账，因为马上要过年了，他要为伙计们支付当月的工资，突然，他听见外面柜台处有争吵声，便走出来。原来铺子里的伙计和附近一个姓王的老头吵架了，尤老翁二话没说，先将伙计训斥一顿，然后好言向老爷子赔不是。可是这位姓王的老头似乎是铁了心要闹下去，脸色不见缓和，反倒赖在店铺不走了。

伙计被老板无端骂了一顿，心中不悦，于是，诉苦道："老爷，这个老头蛮不讲理。他前些日子当了衣服，现在他说过年要穿，一定要取回去，可是他又不还当衣服的钱。我刚一解释，他就

## 第10章
### 韬光养晦，实力不佳时要学会保护自己

破口大骂，这事不能怪我呀。"尤老翁点点头，打发这个伙计去照料别的生意。自己过去请王老头到桌边坐下，语气恳切地对他说："老人家，我知道你的来意，过年了，总想有身体面点儿的衣服穿。这不是什么难事，您就别和晚辈们一般见识了，消消气吧。"尤老翁说完，也不等王老头开口，让伙计去库房拿了几件新衣服来。尤老翁指着这几件衣服说："这些衣服有您穿的，也有孩子穿的，虽然不是什么绫罗绸缎，但也是不错的料子做的。"而这个王老头似乎一点儿也不领情，拿起衣服，连个招呼都不打，就急匆匆地走了。

尤老翁并不在意，让人将这个老头送出门。没想到，就在当天夜里，王老头竟然死在了另一位开店的街坊家中。这位街坊打了几年官司，花了一大笔钱才将此事摆平。

事后，尤老翁才知道，那个王老头负债累累，家产典当一空后走投无路，就预先服了毒，来到尤老翁的当铺吵闹寻事，想以死来敲诈钱财。没想到尤老翁心地善良，明知吃亏也不与他计较，王老头只好赶快撤走，在毒性发作之前又选择了另外一家。后来，人人都夸尤老翁有料世事的本事，可尤老翁说："我并没有想到王老头会走上这条绝路。我只是觉得，凡事多退一步，给人留一步，也是给自己留条退路。"

这样的一个民间老翁，却是一个智者。他的做法为自己避

205

免了一场灾难。他的这种心态可谓是能屈能伸、方圆做人的至高境界了。

俗话说得好,"物极必反""满招损,谦受益"。水缸装满了水,再往里面添水,就会往外溢,事物发展到了极端,必然朝着相反的方向发展。有时受欺者貌似软弱,实际上是胸怀宽广,不计较。

所以做事时一定要为他人留有余地,这也是给自己留条退路。比如,当你取得非常显赫的位置或者事业取得非常大的成功时,就不应再争强好斗,而应该与别人分享,与别人合作。在与人竞争的过程中,如果自己已经势在必得,要学会给别人留一条退路,同时也给自己留一条退路。凡事如果做得太绝,不留后路,就会一败涂地。说话、做事讲求弹性,把事做得更加灵活、进退得宜,无论是在职场还是在社交场,都将如虎添翼。

## 虚心求教,是充实内在的捷径之一

俗话说"金无足赤,人无完人",无论是谁,都有优点、长处,也都有缺点、短处。我们要想进步,就必须虚心地向别人学习,做到取人之长补己之短,才会有进步。然而,生活中有一些人,

## 第10章
### 韬光养晦，实力不佳时要学会保护自己

他们自大自负，在他们的眼里，谁都不如自己，目空一切。但任何人都不是全才，如果停止了学习的脚步，就会故步自封，停滞不前。而只有取人之长补己之短，才能不断完善自己，少走很多人生的弯路。同时，请教他人是低调的表现，更容易使我们赢得他人的支持。

林先生是一位著名的企业家，他在17岁时进入一家公司工作，当时与他共事的都是富有经验、资历较深的老员工。当时的小林年纪轻，资历浅，经常受到老板训斥，受到老员工轻视，处境非常不妙。那么，小林怎么做才能与竞争对手一争高下，受到老板重用呢？聪明的小林没有畏惧退缩，他把挨训和怠慢当作机遇，总是力求从中学会一点东西，知道一些事情。有了这样的决心，小林在面对老板和老员工时，不再立即逃走，而是主动上前，躬身行礼并谦虚地招呼说："我难免有做不到的地方，请多指教！"碍于情面，老板和老员工们都不再摆架子，而以长者的风度指出他应该注意和改正的地方。小林洗耳恭听，然后立即按照他们的指导改正自己的缺点，以求做得更好。

功夫不负有心人，两年后，老板对他说："通过长期考验，我看你工作勤恳能干，善于向他人学习，从明天起，你就是公司的部门经理了。"小林胜过了公司里许多老员工，成为最年

> 心量
> 可以生气，但不要越想越气

轻的经理，他的成功是因为他敢于虚心向竞争对手学习，创造并把握住了学习的机会。

看完以上这个案例后，我们得出了结论，如果你要想在职场中尽快得到提升，那么就应该勇敢地向竞争对手去学习，变被动为主动，提高学习能力，注重学习细节，以促进自我提升。

"梅须逊雪三分白，雪却输梅一段香。"一个人要想有长进，不仅需要谦逊，而且要有雅量，要放下架子，不耻相师。

然而，在现代社会，特别是具备高学历的人他们一般都很自负。他们认为自己无所不知，专业知识丰富，平时的工作方式虽然与同事们有差距，那也是自己的工作风格和个人魅力的所在，这样的细节问题不是评定自己的工作能力的标准。但是，真的是这样吗？要知道，文凭只代表过去的文化程度，它的价值往往只体现在你的保底薪金上，而有效期最多也就只有3个月。如果要想在优秀的企业中站住脚，就必须从小学生做起，积极主动地向旁边的人学习。反之，你就不可能在竞争激烈的职场当中有所成就。

总之，在人际交往中，我们一定要放低身份，这一点，在与比自己身份低的人说话时尤为重要。偶尔说一说"我不明白""我不太清楚""我没有理解您的意思""请再说一遍"

## 第10章
### 韬光养晦，实力不佳时要学会保护自己

之类的语言，会使对方觉得你富有人情味，没有架子。相反，趾高气扬，高谈阔论，锋芒毕露，咄咄逼人，更容易挫伤别人的自尊心，引起反感，以致他人筑起防范的城墙，导致自己处于被动。

我们在求教他人前，还需要非常了解自己的优点和缺点，同时不断地改善自己的缺点，这样成功的概率才会比较大。一个人的知识和本领总是非常有限的，应该谦虚一些，多向别人学习。不自夸的人会赢得成功，不自负的人会不断进步。我们不缺乏学习，而是缺少发现，这取决于你用什么眼光、从什么角度去看待每个人。"三人行，则必有我师"，要善于取人之长，补己之短，不懂不会时要不耻下问，切忌不懂装懂，掩耳盗铃，自欺欺人。待人接物要礼让谦恭，用谦虚的态度博得他人的认可，在与人交往中不断提升自己的能力。

因此，我们首先就要树立正确的观念，这样才能学得自觉，学得长久。实践告诉我们，善借外智，才能思路开阔；善借外力，才能攀上高峰。

然而，要想真正取得效果，还需要做到持之以恒。三天打鱼，两天晒网，见异思迁的学习是不能产生令人满意的效果的。向他人学习，必须从谦逊开始，无论取得多好的成绩，也不能停滞不前。

另外，放低姿态，不是低声下气、奉承谄媚。说话、做事

## 心量
**可以生气，但不要越想越气**

时放低姿态是一种艺术。尤其是在我们得意之时，与同事说话要谦和有礼，这样才能维持和谐良好的人际关系。

随着社会的不断发展，人人都在不断向前迈进。我们要想成长、进步，就必须放下"架子"，丢掉"面子"，虚心地向他人请教，这样才能不断提高，不断进步，实现自己的人生理想与追求。

# 参考文献

[1] 墨尘. 别和自己过不去 [M]. 北京：地震出版社，2011.

[2] 郑一. 别跟自己过不去 [M]. 北京：中国纺织出版社，2018.

[3] 三吉. 别跟自己过不去 [M]. 北京：台海出版社，2018.

[4] 何权峰. 想开点：别和自己过不去 [M]. 北京：北京日报出版社，2019.